重庆综合经济研究文库
分析宏观形势 · 预测区域发展 · 提供决策服务 · 建设一流智库

重庆市决策咨询与管理创新计划重大项目
项目编号：cstc2014jccxC00007

重庆市研发投入统计分析体系及制度建设研究

易小光
丁　瑶　等◎著
邓兰燕

中国经济出版社
CHINA ECONOMIC PUBLISHING HOUSE
北京

图书在版编目(CIP)数据

重庆市研发投入统计分析体系及制度建设研究/易小光等著.
—北京:中国经济出版社,2018.8
ISBN 978-7-5136-5231-5

Ⅰ.①重… Ⅱ.①易… Ⅲ.①科研开发—资金投入—统计分析—制度建设—研究—重庆
Ⅳ.①G322.771.9

中国版本图书馆 CIP 数据核字(2018)第 121029 号

责任编辑 姜 静
责任印制 马小宾
封面设计 久品轩

出版发行 中国经济出版社
印 刷 者 北京金明盛印刷有限公司
经 销 者 各地新华书店
开　　本 710mm×1000mm 1/16
印　　张 10.75
字　　数 139 千字
版　　次 2018 年 8 月第 1 版
印　　次 2018 年 8 月第 1 次
定　　价 48.00 元
广告经营许可证 京西工商广字第 8179 号

中国经济出版社 **网址** www.economyph.com **社址** 北京市西城区百万庄北街 3 号 **邮编** 100037
本版图书如存在印装质量问题,请与本社发行中心联系调换(联系电话:010-68330607)

课题组成员名单

组长：

易小光　重庆市综合经济研究院院长、研究员

副组长：

丁　瑶　重庆市综合经济研究院总经济师、研究员

技术负责人：

邓兰燕　重庆市综合经济研究院科研管理处副处长、副研究员

课题组成员：

余贵玲　重庆市综合经济研究院经济咨询研究中心主任、研究员

李　权　重庆市综合经济研究院信息化与科技发展研究所所长、高级经济师

罗丛生　重庆市综合经济研究院经济定量应用研究所所长、助理研究员

罗宇航　重庆市综合经济研究院信息化与科技发展研究所副所长、副研究员

陈　殊　重庆市综合经济研究院产业经济与企业发展研究所、助理研究员

王　利　重庆市综合经济研究院产业经济与企业发展研究所副所长、高级经济师

蒋安玲　重庆市综合经济研究院信息化与科技发展研究所、高级经济师

贺诗倪　重庆市综合经济研究院经济定量应用研究所、助理研究员

王文文　重庆市综合经济研究院计划财务处、助理研究员

黎　慧　重庆市综合经济研究院信息化与科技发展研究所、助理研究员

杜　婷　重庆市综合经济研究院科研管理处副处长、高级经济师

张海荣　重庆市综合经济研究院 GIS 经济空间规划研究与应用实验室副主任、高级工程师

前 言

着眼于解决重庆市研究与试验发展（R&D，简称研发）投入总量不大、结构不优、绩效不高、后劲不足的突出问题，依据重庆市政府专题会议纪要（2014－54）《科技体制改革座谈会议纪要》精神，全市提出了实施五年千亿研发投入行动计划的战略部署。一方面，在复杂多变的国际国内环境下，创新驱动发展已成为重庆市“十三五”发展转型的重要战略，而作为科技创新活动核心部分的R&D投入水平和活力也直接决定着区域创新实力的高低。另一方面，R&D投入活动与R&D资源分布呈现一些新的特点，对R&D统计体系和制度提出了新的要求，加之目前针对R&D投入和绩效的形势跟踪和重热点问题分析的长效机制还较为缺失，难以准确把握R&D投入现状和落实主体责任。为此，为科学衡量R&D投入水平、布局、结构及其成果的推广应用，评价R&D活动对GDP发展的贡献，推动提高研发投入水平、质量和效率，提升全社会科技创新能力，重庆市综合经济研究院、重庆市统计局与重庆市科委一道共同开展了本课题的研究，并将研究成果著书出版。

本课题力求深入剖析现行R&D统计和分析制度弊端，以确保实现千亿研发投入为目标导向。针对“重庆市 R&D 投入考核机制”等重点瓶颈问题，在充分掌握研发资金的投入、利用及效果情况的基础上，建成全市统一的 R&D 活动分类统计体系，形成研发投入绩效的测度指标，提出千亿研发投入的操作路径和时间表；明确企业投入、财政投入、高等学校投入、科研院所投入、社会投入的布局和规模，制定落实责任制等保障措施，为政府促进科技进步和实施重大科技项目布局、重点新兴行业及企业科技扶持等宏观决策提供重要参考。

我国统计体制是统一领导、分级负责的统计系统，涉及统计机构的设置、管理体制、与有关部门的关系等方面，是一系列统计指标体系、统计标准、技术规范的总和。我国全社会 R&D 统计主要依托科技部科技活动及相关情况统计年报调查制度，重庆市全社会 R&D 统计体制与全国基本一致，统计分析也基本实行年度报告制。然而，由于重庆市行业分类、地区分类与全国存在较大差异，为了更清晰地反映重庆 R&D 投入布局和规模，亟须对研发投入统计的分类标准和规范进行创新，并建立起针对不同投入主体的分类分析制度。此外，在研究制度本身的同时，本课题也将全社会 R&D 投入情况作为研究的对象，力求从内生动力和外部生态环境两个方面建立激发全社会 R&D 持续增长的长效机制。

笔　者

2018 年 5 月

目　录

前　言/1

第一章　重庆研发投入统计体系和统计分析制度研究

一、重庆科技投入统计体系和分析制度现状/3

（一）科技统计制度现状/3

（二）科技统计指标体系现状/6

（三）统计制度和指标体系存在的不足/17

二、完善研发分类统计体系及分析制度的思路和路径/21

（一）国内外研发投入统计体系及制度借鉴/21

（二）总体思路/25

（三）研发指标体系设计/27

（四）实施路径/28

三、保障措施/32

（一）组织保障/32

（二）人才保障/33

（三）技术保障/33

（四）经费保障/33

第二章　提升重庆研发投入水平研究

一、重庆全社会研发投入现状及问题分析/37
（一）总体特征/37
（二）现状评价/47
（三）重庆创新投入体系——与深圳的比较/76
（四）存在的问题/78
二、提升重庆研发投入水平的思路和路径/89
（一）总体思路/89
（二）实施路径/94
三、保障措施/122
（一）组织保障/122
（二）要素保障/123
（三）绩效评价/125
（四）政策保障/126

附　录

附录一　重庆市工业企业 R&D 投入绩效年度报告/131
附录二　重庆 R&D 投入与经济增长率相关性分析/151

参考文献/163

第一章

重庆研发投入统计体系和统计分析制度研究

我国的统计体制是统一领导、分级负责的统计系统，涉及统计机构的设置、管理体制、与有关部门的关系等方面，是一系列统计指标体系、统计标准、技术规范的总和。我国全社会R&D统计主要依托的是科技部科技活动及相关情况统计年报调查制度，重庆市全社会R&D统计体制与全国基本一致，统计分析也基本实行年度报告制。然而，由于重庆市行业分类、地区分类与全国存在较大差异，为了更清晰地反映重庆R&D投入布局和规模，亟须对研发投入统计的分类标准和规范进行创新，并建立起针对不同投入主体的分类分析制度。此外，在研究制度本身的同时，本书也将全社会R&D投入情况作为研究的对象，力求从内生动力和外部生态环境两个方面建立激发全社会R&D持续增长的长效机制。

一、重庆科技投入统计体系和分析制度现状

目前，我国已建立起完善的科技活动分类统计体系，但全国包括重庆均未建立起针对R&D（研发）的统计体系，重庆科技统计仍按照国家统计局制定的统一科技统计制度、统计指标体系进行，R&D（研发）统计仅作为科技统计指标体系里面的一个板块。

（一）科技统计制度现状

为了解全国科技活动的规模、结构和发展水平，满足宏观决策和管理的需求，为国家制定科技政策和进行科技管理提供依据，国家制

定和实施了统一的科技综合统计报表制度。重庆科技统计工作主要按照国家统计局的要求和安排，由市统计局牵头，与市教委、市科委联合对全市科技活动进行分类统计。具体制度设计如下：

1. 统计单位

《科技综合统计报表制度》的统计单位包括：县及县以上各部门所属的国有独立核算的科学研究与技术开发机构，科技信息与文献机构；教育部所属的全日制普通高校（包括大学、独立学院和高等专科学校）；其他企事业单位。对于各级各类国有独立核算的科学研究与技术开发机构、科技情报与文献机构以一个机构为一个调查单位；对于全日制普通高校以一个学校为一个调查单位；对于其他企业事业单位则以填报单位为一个调查单位。

具体到重庆，高校科技调查范围包括市内全日制普通高校（本科、高职高专）及其附属医院；科研机构包括国务院各部门和有关单位及各省、自治区、直辖市、地区（市）属的具有法人地位的国有独立研究机构和转制研究机构，以及高新技术企业；企业调查范围是被纳入统计年报的规模以上工业法人单位，即年主营业务收入在2000万元及以上的工业法人单位。

2. 统计范围

科技统计的对象是科技活动情况，科技活动指在自然科学、农业科学、医药科学、工程与技术科学、人文与社会科学领域（简称科学技术领域）中与科技知识的产生、发展、传播和应用密切相关的有组织的活动。为核算科技投入的需要，科技活动可分为研究与试验发展（R&D）、研究与试验发展成果应用及相关的科技服务三类活动。《科技综合统计报表制度》的统计范围根据统计单位的不同加以确定。具体规定如下：

一是独立的研究机构、情报文献机构和全日制普通高等学校，其科技活动的统计范围为 R&D、R&D 成果应用和相关的科技服务三类活动。

二是独立的研究机构、情报文献机构和全日制普通高等学校，其科技项目（课题）的统计范围包括全部科研项目（课题）。

三是其他企事业单位的科技活动统计范围只包括 R&D 及其成果应用类。

四是大中型工业企业、建筑企业、交通运输仓储及邮电通信企业的科技项目（课题）统计范围限于项目经费在 10 万元以上（含 10 万元）的项目（课题）；国有小型工业企业及规模以上的小型工业企业的科技项目（课题）统计范围限于项目经费在 5 万元以上（含 5 万元）的项目（课题）；其他单位的科技项目（课题）统计范围限于项目经费在万元以上（含万元）的项目（课题）。

3. 调查方法

《科技综合统计报表制度》采用年度和周期为十年的滚动全面调查方法搜集数据。数据来源的基本方法是对各级各类独立核算的科学研究与技术开发机构、科技情报与文献机构、全日制普通高校和大中型工业企业实施全数调查。建筑企业、交通运输仓储及邮电通信企业、农业及地质水利企事业单位、医疗卫生机构、软件开发等企事业单位实施十年为一周期的滚动调查。《科技综合统计报表制度》制定了统一的分类标准及统计规定，调查统计必须照此执行。

4. 组织方式

作为国家统计制度，整个科技统计工作由国家统计局组织协调，采用分工协作、条块结合的方式组织实施。具体分工：

一是国家统计局负责协调各部门的科技统计调查，并负责综合、汇总全社会的科技活动情况，同时负责组织实施工业企业、建筑企业、交通运输仓储及邮电通信企业、农业及地质水利企事业单位、医疗卫生机构、软件开发等企事业单位的科技活动调查。

二是科学技术部负责各级各部门（县及县以上）所属国有独立核算的科学研究与技术开发机构、科技情报与文献机构、综合技术服务机构的科技活动调查。

三是教育部负责全日制普通高校的科技活动调查。

四是国防科学技术工业委员会负责国防科技工业系统的科学研究与技术开发机构及科技情报与文献机构的科技活动调查。

五是各省、自治区、直辖市统计局负责搜集同级科委（科技厅）、教委（教育厅）等有关部门的科技活动统计资料，并综合汇总本地区的科技活动情况，向国家统计局报送有关资料。

重庆市科技统计组织体系如图 1－1 所示。

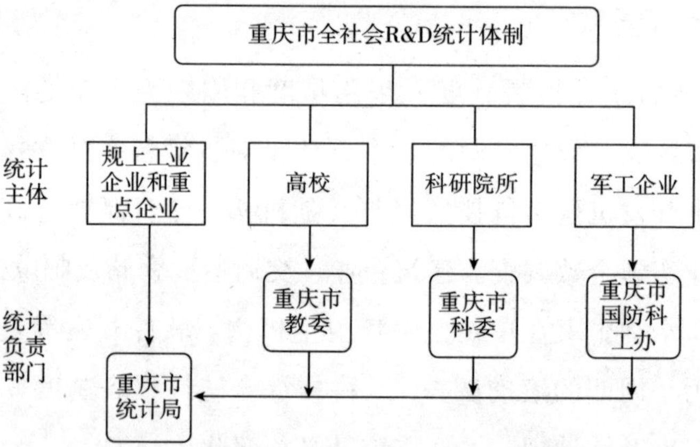

图 1－1　重庆市科技统计组织体系框架

（二）科技统计指标体系现状

科技统计指标体系在设置上强调了科技活动的"全过程"，即从科技活动到成果应用，从投入到产业，从资源到效益的转换过程。国家统计局分别针对普通高校、科研机构、规模以上企业，分类制定了统计报表制度。针对普通高校科技统计，制定《全国普通高等学校科技（理、工、农、医类）统计报表制度》，具体报表为《高等院校科技活动调查表》，包含11个分项调查表；针对科研机构科技统计，制定《科学研究与技术开发机构科技活动统计报表制度》，具体报表为《科学研究与技术开发机构调查表》，包括16个分项调查表；针对企业科技统计，制定《企业（单位）科技活动统计报表制度》，具体报表为《规模以上工业法人单位科技项目情况》和《规模以上工业法人单位科技活动及相关情况》两个调查表，六项调查一级指标都被纳入了《规模以上工业法人单位科技活动及相关情况》表。科技活动分类统计指标见表1－1。

表1－1　科技活动分类统计指标

序号	普通高校科技统计指标	科研机构科技统计指标	企业科技统计指标
1	科技人力资源情况表	机构概况表	规模以上工业法人单位科技项目情况
2	科技经费情况表	人员情况表	规模以上工业法人单位科技活动及相关情况
3	科技活动机构情况表	经常费收入表	（1）科技活动人员情况
4	科技项目情况表	经常费支出表	（2）科技活动费用情况
5	科技交流情况表	基本建设与固定资产表	（3）科技项目情况
6	技术转让与知识产权情况表	科学仪器设备表	（4）企业办科技机构情况
7	科技成果情况表	科技课题综合情况表	（5）科技活动产出及相关情况
8	出版科技著作情况表	R&D课题来源表	（6）其他相关情况
9	科技成果奖励情况表	R&D人员表	—
10	科技期刊情况表	R&D经费表	—
11	创新相关情况表	科技产出表	—
12	—	对外科技服务及与产业的联系表	—
13	—	机构重点发展学科情况表	—

续表

序号	普通高校科技统计指标	科研机构科技统计指标	企业科技统计指标
14	—	人员流动和培养研究生毕业去向表	—
15	—	院所分类改革表	—
16	—	科技课题基本情况表	—

1. 普通高校科技统计指标体系

普通高校科技统计指标体系包括《科技人力资源情况表》《科技经费情况表》《科技活动机构情况表》《科技项目情况表》《科技交流情况表》《技术转让与知识产权情况表》《科技成果情况表》《出版科技著作情况表》《科技成果奖励情况表》《科技期刊情况表》《创新相关情况表》11 个表，基本涵盖了高校科技活动的方方面面（见表 1－2）。

表 1－2　普通高校科技统计指标体系

一、科技人力资源情况表
姓名
性别
出生年月
技术职务
职务类别
所属学科
二、科技经费情况表
1. 上年结转经费
2. 当年拨入经费合计
其中：R&D 经费拨入合计
三、科技活动机构情况表
机构类型
机构类别
学科分类
从业人员（博士毕业、硕士毕业）
科技活动人员（高级职称、中级职称、初级职称、其他）
培养研究生
当年经费内部支出（其中研究与试验发展支出）
承担项目数
固定资产原值（仪器设备，其中进口）
服务的国民经济行业
科研事业费
其中：科研人员工资 1
其中：科研人员工资 2
主管部门专项费
其中：平台建设经费
人才队伍建设经费
其他学科建设经费
国家发改委及科技部专项费

续表

国家自然科学基金项目费	项目名称
国务院其他部门专项费	项目批准时间
省、市、自治区专项费	当年拨入经费
企事业单位委托及技术转让经费	当年支出经费
其中：进入学校财务	当年投入人员（其中女性、其中按职称分项）
当年学校科技经费	参与项目的研究生数量（其中博士生、硕士生）
其中：为国家科技计划项目配套	
金融机构贷款	学科类型
境外资金	活动类型
其他资金	项目来源
3. 当年经费支出合计	组织形式
其中：R&D 经费支出合计	合作形式
转拨给外单位经费	服务的国民经济行业
其中：对境内研究机构	项目的社会经济目标
对境内高等学校	**五、科技交流情况表**
对境内企业	交流形式（合作研究、国际学术会议），分境内、境外
对境外机构	
内部支出经费合计	**六、技术转让与知识产权情况表**
人员劳务费	（一）按受让方类型分类，统计合同数、合同金额、当年实际收入
业务费	
固定资产购置费	合 计
其中：仪器设备费	其中：专利出售
上缴税金	其他知识产权出售
管理费	国有企业
其他支出	外资企业
4. 当年结余经费合计	民营企业
银行存款	其 他
暂付款	（二）按知识产权类型分类，统计申请数、授权数、专利拥有数
其他	
附：	合 计
当年科研基建投入	其中：国外
四、科技项目情况表	发明专利

续表

实用专利	去企业工作的本科毕业人数
外观设计	去企业工作的硕士毕业人数
其他知识产权	去企业工作的博士毕业人数
其中：集成电路布图设计登记数	学校与企业联合共建博士后工作站
植物新品种权授予数	学校与企业联合共建校内实习实训基地
国家或行业标准数	学校与企业联合共建校外实习实训基地
七、科技成果情况表	学校拥有合作培养人才的合作企业数量
按学科门类分别统计	学校拥有外聘老师（校聘）数量
发表学术论文	学校拥有来自企业、行业老师数量
三大检索系统（SCIE、EI、ISTP）	学校派去企业实践锻炼的教师数量
当年科研基建支出	学校承接企业员工培训数量
其中：土建工程	参与企业技术咨询服务的教师数量
仪器设备	（二）产学研合作情况
在岗人员人均年工资	学校与企业共同承担项目数量
国家级项目验收：与其他单位合作；分“973”项目、国家科技支撑计划、“863”项目、国家自然科学基金重点项目、军工项目	学校与企业共同承担项目金额 学校与企业共建研究机构数量 与学校开展合作研究的省（区、市）内企业数量
鉴定成果：与其他单位合作；鉴定结论（国际水平、国内首创、国内先进、其他）	与学校开展合作研究的省（区、市）内企业投入经费
八、出版科技著作情况表	
著作名称、作者、作者排序、著作总字数（千字）、撰写字数（千字）、著作类别、出版单位、出版地、书号、出版日期、学科类别	与学校开展合作研究的其他企业数量 其中：境外企业数量 与学校开展合作研究的其他企业投入经费
九、科技成果奖励情况表	其中：境外企业投入经费
获奖项目名称、获奖单位排序、奖励类别、获奖等级、学科分类	来源于学校与企业合作项目的发明专利申请数 来源于学校与企业合作项目的发明专利授权数
十、科技期刊情况表	（三）科技成果转化与扩散
刊名、国内刊号、创刊时间、出版周期、开本、期刊类型、页码	学校转让著作权数量 学校专门设置技术转化与扩散机构
十一、创新相关情况表	学校专门设置技术转化与扩散机构工作人员
（一）高校对企业的人才培养与服务情况	学校专门设置技术转化与扩散网站
去企业工作的专科毕业人数	学校自行实施专利

续表

学校转让实施专利	与省（区、市）内企业签订技术转让合同总金额
学校许可实施专利	与其他企业签订技术转让合同数
学校技术入股实施专利	其中：与境外企业签订技术转让合同数
学校与其他单位或个人共同实施专利	与其他企业签订技术转让合同总金额
与省（区、市）内企业签订技术转让合同数	其中：与境外企业签订技术转让合同总金额

2. 科研机构科技统计指标体系

科研机构科技统计报表共16个分项指标表，即《机构概况表》《人员情况表》《经常费收入表》《经常费支出表》《基本建设与固定资产表》《科学仪器设备表》《科技课题综合情况表》《R&D课题来源表》《R&D人员表》《R&D经费表》《科技产出表》《对外科技服务及与产业的联系表》《机构重点发展学科情况表》《人员流动和培养研究生毕业去向表》《院所分类改革表》《科技课题基本情况表》。

表1-3　科研机构科技统计指标体系

一、人员情况	其中：博士毕业
（一）从业人员（包括招聘人员）	硕士毕业
1. 从事科技活动人员	本科毕业
其中：女性	大专毕业
其中：科技管理人员	其中：高级职称
课题活动人员	中级职称
科技服务人员	初级职称
2. 从事生产、经营活动人员	**三、经常费收入**
3. 其他人员（医疗、工程设计、教学培训、后勤服务等人员）	上年结转
（二）外聘的流动学者（编制在其他单位）	本年收入总额（不含代管经费和转拨外单位经费）
（三）招收的非本单位在读研究生	（一）科技活动收入
（四）离退休人员	1. 政府资金
二、从事科技活动人员按学历与资历分类	其中：财政拨款
从事科技活动人员（=PE2010）	承担政府科研项目收入

续表

其他	1. 科技活动支出
全部政府资金中：来自地方政府的资金	其中：人员劳动报酬（含工资）
2. 非政府资金	设备购置费
其中：技术性收入	其他日常支出
其中：来自企业	2. 生产、经营活动支出
其中：来自大中型企业	其中：经营税金
其中：国外资金	3. 其他支出（含医疗、工程设计、教学培训等活动支出）
（二）生产、经营活动收入	
（三）其他收入（含医疗、工程设计、教学培训等活动收入）	其中：离退休人员费用
	本年外部支出总额
其中：用于离退休人员的政府拨款	其中：科技活动经费外部支出
用于科技活动的借贷款	**五、基本建设与固定资产**
四、经常费支出	（一）基本建设情况
本年内部支出总额（不包括基建投资的支出）	1. 基本建设投资实际完成额
（一）按支出的经济性质和具体用途分	按用途分：科研仪器设备
1. 工资福利支出	科研土建工程
2. 对个人和家庭补助（企业可以不填）	生产经营土建与设备
其中：抚恤金	生活土建与设备
生活补助	2. 科研基建（FB11＋FB12）
救济费	按来源分：政府资金
助学金	企业资金
奖励金	事业单位自筹资金
生产补贴	其他资金
3. 商品和服务支出（企业可以不填）	（二）固定资产情况
其中：取暖费	年末固定资产原价
差旅费	其中：科研房屋建筑物
因公出国（境）费用	科学仪器设备
劳务费	其中：进口
工会经费	附表1　对外科技服务及与产业的联系
福利费	附表2　机构重点发展学科
4. 其他（企业可以不填）	附表3　人员流动和培养研究生毕业去向
（二）按支出的活动性质分	#科学仪器设备

续表

（一）科学仪器设备数量	按学历分：博士毕业
其中：单台原值＜50万元	硕士毕业
50万元≤单台原值＜200万元	本科毕业
200万元≤单台原值＜500万元	其他学历
500万元≤单台原值＜800万元	按工作量分：R&D全时人员
单台原值≥800万元	R&D非全时人员
（二）科学仪器设备原值	（二）R&D人员折合全时工作量
其中：单台原值＜50万元	按工作性质分：研究人员
50万元≤单台原值＜200万元	技术人员
200万元≤单台原值＜500万元	其他辅助人员
500万元≤单台原值＜800万元	**八、R&D经费**
单台原值≥800万元	（一）R&D经费内部支出
六、科技课题综合情况	1. R&D经常费支出
基础研究（课题数、经费内部支出、本单位课题人员折合全时工作量、外聘的流动学者、在校研究生）	按费用类别分：人员费用（含工资）
	设备购置费
	其他
应用研究（同上）	按经费来源分：政府资金
试验发展（同上）	企业资金
研究与发展成果应用（同上）	事业单位资金
科技服务（同上）	国外资金
#R&D课题来源	其他资金
国家科技项目（课题数、经费内部支出、本单位课题人员折合全时工作量、外聘的流动学者、在校研究生）	按活动类型分：基础研究
	应用研究
	试验发展
地方科技项目	2. R&D基本建设费
企业委托科技项目	按费用类别分：仪器设备费
自选科技项目	土建费
国际合作科技项目	按经费来源分：政府资金
其他科技项目	企业资金
七、R&D人员	事业单位资金
（一）R&D人员	国外资金
其中：女性	其他资金

续表

（二）R&D 经费外部支出	其中：发明专利
其中：对国内科研机构支出	其中：国外授权
对国内高等学校支出	拥有有效发明专利总数
对国内企业支出	本年专利所有权转让及许可数
对境外机构支出	本年专利所有权转让与许可收入
九、科技产出	（三）其他产出
（一）科技论文与科技著作	本年形成国家或行业标准数
本年发表科技论文	本年集成电路布图设计登记数
其中：国外发表	本年植物新品种权授予数
本年出版科技著作	本年软件著作权数
（二）专利	本年新药证书数
本年专利申请受理数	附表4　院所分类改革
其中：发明专利	科技课题基本情况表
本年专利授权数	

注："#"表示其为总量指标的一部分。

3. 企业科技统计指标体系

企业科技统计指标体系分别对科技项目、科技活动及相关情况进行了报表设计。其中《规模以上工业法人单位科技活动及相关情况》设计了三级指标，包括科技活动人员情况、科技活动费用情况、科技项目情况、企业办科技机构情况、科技活动产出及相关情况、其他相关情况 6 项一级指标，二三级指标见表 1－4。

表 1－4　企业科技统计指标体系

规模以上工业法人单位科技项目情况										
序号	项目名称	项目来源	项目合作形式	项目成果形式	项目技术经济目标	项目起始日期	项目完成日	跨年项目所处进展阶段	参加项目人员（人）	项目人员实际工作时间（人·月）	项目经费内部支出（千元）	政府资金

规模以上工业法人单位科技活动及相关情况							
指标名称	计量单位	代码	数量	指标名称	计量单位	代码	数量
甲	乙	丙	1	甲	乙	丙	1
一、科技活动人员情况	—	—		无形资产摊销	千元	13	
科技活动人员合计	人	3		其他费用	千元	14	
其中：参加科技项目人员	人	4		（二）委托外单位开展科技活动的经费支出	千元	15	
科技管理和服务人员	人	5		其中：对境内研究机构支出	千元	16	
其中：女性	人	6		对境内高等学校支出	千元	17	
其中：高中级技术职称人员	人	7		对境外支出	千元	18	
其中：全时人员	人	8		（三）当年形成用于科技活动的固定资产	千元	19	
二、科技活动费用情况	—	—		其中：仪器和设备	千元	20	
（一）企业内部用于科技活动的经费支出	千元	9		（四）使用来自政府部门的科技活动资金	千元	21	
人员人工费（包含各种补贴和保险）	千元	10		**三、科技项目情况**	—	—	
原材料费	千元	11		全部科技项目数	项	22	
折旧费用与长期费用摊销	千元	12		全部科技项目经费内部支出	千元	23	

续表

指标名称	计量单位	代码	数量	指标名称	计量单位	代码	数量
四、企业办科技机构情况	—	—		其中：发明专利	件	33	
机构数	个	24		有效发明专利数	件	34	
机构人员合计	人	25		其中：境外授权	件	35	
其中：博士毕业	人	26		专利所有权转让及许可数	件	36	
硕士毕业	人	27		专利所有权转让及许可收入	千元	37	
本科毕业	人	28		（二）新产品生产及销售情况	—	—	
机构经费支出	千元	29		新产品产值	千元	38	
仪器和设备原价	千元	30		新产品销售收入	千元	39	
其中：进口	千元	31		其中：出口	千元	40	
五、科技活动产出及相关情况	—	—		（三）其他情况	—	—	
（一）自主知识产权情况	—	—		发表科技论文	篇	41	
专利申请数	件	32		拥有注册商标	件	42	
其中：境外注册	件	43		（二）技术获取和技术改造情况	—	—	
形成国家或行业标准	项	44		引进国外技术经费支出	千元	47	
六、其他相关情况	—	—		引进技术的消化吸收经费支出	千元	48	
（一）政府相关政策落实情况	—	—		购买国内技术经费支出	千元	49	
研究开发费用加计扣除减免税	千元	45		技术改造经费支出	千元	50	
高新技术企业减免税	千元	46		（三）企业在境外设立的科技活动机构	个	51	

（三）统计制度和指标体系存在的不足

随着重庆对外开放水平持续提升、创新驱动发展战略加快实施、科技体制改革不断深化，现行的科技统计制度、指标设计等方面已渐渐不适应发展需要，需要进一步优化。

1. 研发活动独立统计制度还未建立

现有统计制度没有突出“研发”（R&D）环节。科技活动分为研发、研发成果应用、相关科技服务三类。在这三类活动中，研发是核心和基础，研发成果应用是研发活动向生产活动的进一步延伸，科技服务提供相关保障。

一直以来，统计上没有将研发单独统计，往往与研发成果应用、相关科技服务混在一起统计，把科研成果转化、产业化甚至技术改造等不符合研发概念的项目与研发活动等同起来，将企业新产品开发与科技活动等同起来。当前的科技统计工作不是从研发活动管理出发，而是从科技活动管理出发，对研发活动涉及的 R&D 机构、研发项目认定、经费使用、公共服务、会计核算准则、调查工作职能、统计方法、指标设计等，都需要进一步规范。

2. 现有统计指标体系仍需完善

一是统计指标范围存在一定限制。如对工业企业研发活动的统计，要求企业填报立项经费在 10 万元及以上的科技项目情况，无 10 万元以上项目的企业填报全部科技项目情况，存在漏项。对民办非企业科研机构、规模以下民营研发型公司的研发活动的统计，必须是行业代码属于 73 科技研究、74 科技产业服务、75 科技咨询登记的才能被纳入统计范围，由于行业隶属要在普查年才能进行调整，导致一些发生了研发活动的机构不能被纳入统计范围。

二是目前针对 R&D 投入产出和影响方面的指标较少，在 R&D 投入产出方面的统计仅有专利、论文、标准、新产品等指标的统计，而衡量 R&D 对经济社会影响的指标较少。

三是技术进步对经济增长的贡献率测算还处在探索阶段，资料收集整理和测算办法不完善。科技成果推广率、应用率还需要进一步研究与开发，公信度不高。

四是指标体系仍存在逻辑不清晰的问题。例如，企业科技活动统计指标体系中，“研发经费”逻辑不清，“其中”项缺失；统计科技经费收支没有分开，收支混在一起，如来自政府经费，收入易于统计，但支出难以区分统计。指标重复设置，一些指标本来可以通过计算获取，直接填报总项与分项汇总数据往往不一致。部分统计指标不易理解，容易引起歧义，一些指标指向不明确，难以准确填写，同时与企业人事、财务报表所用指标脱节，导致指标填报数据与实际差异较大，也增加了填报工作难度。

3. 现有统计体系未对战略性新兴产业、“6＋1”支柱产业的研发进行规范分类

目前全市针对高新技术企业、战略性新兴产业、高校属科技型企业、转制科研院所研发投入以及科技风投基金统计规范还不明确。

一是国际上多数国家主要采用 R&D 经费投入强度作为高、中、低技术产业的衡量标准，美国等发达国家还制定了高技术产品目录来解决高技术产业划分偏粗的问题。重庆高新技术产业的认定主要是依据行业的划分，没有较多地考虑 R&D 经费投入强度。

二是国家对战略性新兴产业的分类统计，与《国民经济行业分类》《统计用产品分类目录》的代码和名称均做了标准对应，采用了独立的分类体系。而重庆的战略性新兴产业有些是基于产业的分类，

有些是基于产品的分类，目前还没有形成统一的分类标准。

三是重庆“6+1”支柱产业是基于产业的划分，但也没有形成明确的标准。

四是高校属科技型企业研发投入未纳入统计。高校属企业R&D投入统计归属于教育部科技发展中心，采取年度统计方式，统计完成后出版《校办企业发展报告》。2013年由于教育部部门调整，分工未明确暂停统计，至今该领域数据缺失。但重庆高校下属科技型企业鲜有规模以上企业，对全市R&D的投入规模影响有限。

五是科技风投基金对孵化企业研发投入未纳入统计。科技风险投资基金与孵化企业的研发活动具有很强的影响力，但是处于孵化阶段的企业一般规模较小，没有纳入统计。目前，统计局如何统计孵化企业或孵化项目的研发投入，尚无标准规范。

4. *以统计报表为主体的调查方法存在局限性*

西方发达国家很早就建立了以抽样调查和普查为主、多种调查方法并存、灵活多样的科技统计调查体系，尤其是在R&D调查方法中，英国对小型企业进行抽样调查、意大利对政府所属科研机构直接采用财政预算拨款数据等。我国采用统计报表制，对小型企业进行调查跟踪的成本较高，反映出来的结果往往存在一定时滞，尤其是机构的性质变化、科技市场的变动有可能会影响统计信息的准确性。

此外，我国年度报表制度的统计范围主要是科研机构、高等院校和第二产业的规模以上工业企业，对研发投入增长较快的服务业的统计调查较为缺失。目前，年报制度采用抽样调查方式对规模以上交通运输、仓储和邮政业，信息传输、软件和信息技术服务业，租赁和商务服务业，水利、环境和公共设施管理业等R&D投入相对集中的四个门类的服务业企业进行调查，而第一产业、建筑业以及上述四大门类以外的第三产业企业仅在 R&D 清查年度进行调查和报告。

5. 统计职责与方法还有待优化

一是调查职责能动性不足。市统计局对市教委、市科委、市国防科工办报送的研发投入数据只进行审核，并没有进行再调查或抽样调查。各个部门的统计数据以自身职能考核为中心，并不是以“研发活动”考核为中心。

二是年报统计时限不能满足政府决策需求。北京、江苏针对重点研发领域设立了定报制度（季度报表），而重庆没有季度报表制度。重庆仅在十年一次的 R&D 资源清查年度才对农业企业、建筑企业、非重点服务类企业进行调查统计，难以反映年度形势变化。

6. R&D 统计调查队伍不足

主要体现在统计人员专业人员不足、部分填报单位重视程度低、统计队伍稳定性差、专业培训不足等方面。在一些基层单位和工业企业，统计人员不熟悉 R&D 统计业务及统计指标，不能正确理解 R&D 的概念和内涵，无法准确地将用于 R&D 活动与非 R&D 活动的相关经费进行分离和折算，严重影响 R&D 统计数据的质量。

同时，由于兼职人员本职工作量大，对数据的收集和整理过程中随意性较大，常会出现统计数据不准或者随意调整数据的现象。R&D 统计填表前的培训对 R&D 统计人员是否能准确填报 R&D 数据至关重要，但目前重庆市相关培训少，影响统计人员填报准确性。

7. R&D 资本化进行核算仍存在一定困难

自 1990 年后，国际上逐步实现了科技统计指标体系与国民经济核算体系（SNA）的融合，各国也探索将 R&D 的核算纳入 SNA 体系。在我国 R&D 实际调查中，统计对象不仅包括 R&D 活动，还涉及一部分 R&D 成果应用和服务项目，与国际标准存在差异。另外，目前 R&D 核算的部门主要为科研机构、高等院校和规模以上工业企业，资本化的口径不全且沟通协调难度大。

8. R&D 统计分析制度未建立

国际上普遍注重 R&D 领域重热点问题的专题分析。而重庆市更侧重的是综合分析，即统计报表制度下每年对统计单位基本情况进行例行的综合分析。各部门在 R&D 统计上各司其职，但在统计分析上的职责分工却不明确，对于一些专题领域如战略性新兴产业、国有企业、科研机构、高等学校等开展 R&D 活动面临的问题和困难以及 R&D 活动对经济社会的影响分析等则挖掘不多。

二、完善研发分类统计体系及分析制度的思路和路径

（一）国内外研发投入统计体系及制度借鉴

世界科技统计活动始于 20 世纪初，国际组织和主要发达国家在长期的研发活动中，逐渐形成了一套比较成熟的 R&D 统计基础制度，我国也正在完善 R&D 统计制度，这对于重庆建立科学的研发投入统计制度具有良好的借鉴作用。

1. 国际组织关于 R&D 统计基础制度体系

经济合作与发展组织（Organization for Economic Cooperation and Development，OECD）和联合国教科文组织是倡导建立 R&D 统计基础制度最权威的国际组织，它们先后出版了《弗拉斯卡蒂手册》和《科学技术统计工作手册》，形成了国际性的科技统计规范。它们的 R&D 统计基础制度体系由 R&D 统计指标体系、R&D 统计规范和标准体系、R&D 统计调查方法体系等组成。这套统计基础制度体系是欧美等发达

国家开展 R&D 统计的核心规范，也影响着发展中国家的 R&D 统计制度的建设。

（1）R&D 统计指标体系

现行的国际 R&D 统计指标体系来源以 OECD《弗拉斯卡蒂手册》的 R&D 统计指标体系和联合国教科文组织科技统计指标体系为代表。其主要特点如下：

一是具有“投入—活动—产出和影响”的反馈系统结构模式。此结构模式强调对 R&D 全过程进行系统的分析和描述，力图客观反映 R&D 活动对社会经济的影响，为政府制定科技政策提供可靠的依据。因此，这一结构模式为世界上大多数国家所采用。

二是引导 R&D 指标体系发展。20 年来，R&D 指标已经从科技资源型指标逐步发展到从科技与经济结合以及专利和技术国际收支等多方面反映 R&D 活动的指标体系。例如 1999 年版《OECD 科学技术和产业指标》将科技活动分为三部分：第一部分是“以知识为基础的经济”，从无形投资、以知识为基础的产业、信息和通讯、R&D 经费四个方面筛选指标；第二部分是全球化科技活动，从国际贸易、外国投资、技术的国际化、产业 R&D 的国际化四个方面筛选指标；第三部分是科技竞争力，从生产率、单位劳动成本、科技产出以及国际贸易等方面筛选指标。

三是注重产出和影响的指标。以投入为主体的 R&D 指标体系难以描述 R&D 活动的产出、知识的传播与扩散以及创新系统的行为，对政策制定所起的支持作用十分有限。但是，目前，可以反映 R&D 投资的价值和影响的现有指标十分有限。

四是重视人才指标。R&D 人才是科技创新活动中最活跃的因素，各国的 R&D 统计指标体系对从事 R&D 活动人员的指标和分类都很详尽，成为“R&D 投入量”的两个关键方面之一。

五是开放性。R&D 统计体系是开放的，统计指标随着科技与经济的发展而不断深化和提高。例如 OECD 为了满足不断增长的对服务业 R&D 数据的需求、反映科学技术全球化和对 R&D 人力资源的需求，在《弗拉斯卡蒂手册》2002 年版中增加了服务业与软件 R&D、R&D 全球化、R&D 国际合作以及有关保健、信息通信技术、生物等方面的指标。

（2）R&D 统计规范和标准体系

经济合作与发展组织、联合国教科文组织、欧洲经济共同体统计局等国际组织十分重视 R&D 统计规范和标准体系。这些组织借鉴美国、日本、法国等发达国家的经验，尽可能采用联合国通用的分类方法和权威的正式出版的统计手册指南，对 R&D 的概念、定义、范围和分类进行规范。《弗拉斯卡蒂手册》中的《研究与发展调查分册》主要是为研究发展数据的统计分析人员而设计的，用于处理 R&D 投入的测度问题；《科技人力资源分册》为计量投入科技活动的人力资源提供标准和规范；《奥斯陆分册》是计量科技与经济结合的技术创新活动的标准和规范；《TBP 分册》和《专利分册》是针对科学与技术数据用户的需要，集中于 R&D 效果和影响的指标，是计量科技活动产出的标准和规范。

（3）R&D 统计调查方法体系

国际组织从理论和实践上不断完善 R&D 统计调查方法体系，联合国教科文组织专门制定了《科学技术统计指南》，比较系统地对科技统计调查进行规范。经济合作与发展组织则对 R&D 统计调查体系中的操作细节进行了规范。

2. 国内 R&D 统计基础制度体系

我国的 R&D 统计基础制度核心是《科技综合统计报表制度》。由国家统计局、科技部、教育部和国防科工委等多个相关部门相互协作完成科技统计工作，并分别负责一般企事业部门、独立科学研究机构、高等学校和国防科技工业系统研究机构的科技活动调查。国家统计局负责协调各部门的科技统计调查及综合、汇总全社会的科技活动情况。同时，各省、自治区、直辖市统计局负责搜集同级科委（科技厅）、教委（教育厅）等有关部门的科技活动统计资料，并综合汇总本地区的科技活动情况。

（1）统计范围

在《科技综合统计报表制度》中，根据不同部门设计了不同的科技活动调查表，对 R&D 活动的统计是通过在表中设置相关指标来完成的。我国的 R&D 统计主要体现在大中型工业企业、高等学校和独立科研机构等三大部门。近年来根据实际情况的发展将 R&D 统计范围扩展到国有小型工业企业、建筑业、运输仓储邮电业、农林牧渔业、地质水利业、医疗卫生业和国家高技术园区企业等，但仍然有许多新兴行业或部门的 R&D 活动没有被统计在内，特别是在高新技术企业、民营科技企业，以及农业、医疗卫生业、通信业等行业或部门。

（2）统计组织

在三个 R&D 活动的主要部门中，高等学校和独立科研机构的 R&D 活动受政府资助较多，且主管部门的影响较大，因此一般会设有专人负责科技统计工作，填报工作组织得较好。在企业的 R&D 统计工作中，一般没有专职的科技统计人员，报表的填报基本上是由 R&D 人员或企业从事其他工作的人员（如财务人员）填报，但 R&D 人员和财务人员往往并不熟悉科技统计业务及统计指标，因此，难以保证 R&D 数据质量。

3. 启示

国内外研发统计制度表明，一个国家或地区实施创新驱动战略，就要顺应形势发展的需要不断完善 R&D 统计体系，尤其是在制度改革上要直面挑战。

一是 R&D 指标向新领域扩展。具体表现在战略产业、现代服务业、经济与科技国际化、社会和人文科学等领域。

二是重视信息网络对 R&D 影响的测度。互联网和信息化对经济社会科技的影响力越来越大，正在创造性地建立新型的生产、流通和应用关系，加快了知识积累和创新，尤其是信息网络基础设施的投入、商业模式的创新、更高效的网络软件技术等，打开了 R&D 统计的新维度。

三是加强中小微企业创新统计。长期以来 R&D 统计偏重规模以上工业企业，忽视了中小微企业和孵化项目的研发活动。科技创新的规律和活跃的风险创业基金都揭示了成功的中小微企业和孵化项目是推动创新的重要力量，因此通过有效手段反映这些领域的创新活动和研发投入，有利于引导和支持科技成果商品化、产业化，进而促进整个工业创新能力的提升。

（二）总体思路

1. 制度建设的方向

贯彻落实党中央、国务院关于《关于深化体制机制改革加快实施创新驱动发展战略的若干意见》的决策和《重庆市深化体制机制改革加快实施创新驱动发展战略行动计划（2015—2020 年）》等有关科研投入方向、科研统计工作的文件精神，围绕创新驱动区域发展、产业发展、企业发展，深入推进科技研发统计制度改革，建立能科学反映创新驱动发展战略的研发统计指标体系，为全市经济发展提供更好的科技统计支撑。

2. 基本原则

（1）坚持改革创新

着力解决现有的科技活动统计指标难以反映主体功能区发展创新、难以反映战略性新兴产业发展、难以全面反映企业创新活动等难题，把解决影响研发统计指标体系的设计问题作为主攻方向，努力提高用统计指标更好地反映重庆创新发展的能力。

（2）坚持统筹设计

统筹利用现有统计资源和科技统计指标体系，从规范性和整体性出发，在符合国际/国内统计法规的基础上，兼顾基层工作技术条件和统计组织，对现有的指标进行甄选，努力设计一套反映研发创新的指标体系。

（3）坚持突出重点

明确创新指向，抓住关键环节，围绕反映研发创新能力、研发创新现状，促进研发投入统计制度的改革，着力为重庆经济社会的创新发展提供支撑。

（4）坚持开放协同

强化市统计局与市科委、市经信委、市教委在科研统计改革中的工作协同，充分利用现有的资源，加强工作衔接和协调配合，形成改革合力，更大范围、更高层次、更有效率地反映创新资源配置和使用。

3. 制度建设的目标

建立与重庆市研发创新活动相适应、导向明确、数据可靠、组织合理的统计体系；完善以研发为中心，有效引导创新发展、提质增效、转型升级的研发活动统计指标体系，比较全面地反映五大主体功能区、战略性新兴产业、企业创新的研发活动；加强统计组织配套建设，强化基层基础工作，加强统计工作专业化，促进统计管理组织工作更加规范化、过程质量更加可控。

（三）研发指标体系设计

针对目前指标体系中存在的问题，本研究借鉴国内外研发投入统计体系及制度建立经验，对重庆现有研发统计指标体系及制度进行了完善与改进。

1. 增加具有重庆特色的指标归类

为了更为客观真实地反映重庆研发投入的区域结构与产业结构，本研究结合支柱产业划分，增加了“6+1”支柱产业的研发统计归类，即分别统计了电子信息、汽车、装备制造、化工医药、材料、消费品和能源等行业的研发投入情况，重庆研发行业分类统计体系逐步健全。

2. 健全重庆企业研发报表制度

考虑到重庆企业研发投入占全市80%以上，本研究重点对企业研发报表制度进行了改革与完善。主要体现在统计范围缩小、统计指标精简、逻辑更为清晰、便于企业填报等方面。具体来看，统计范围缩小，主要是指报表对象由“科技”活动缩小为“研发”活动，同时调查企业需填报全部研发项目情况，不受项目经费多少限制；统计指标精简，主要是指删除可计算得到的指标（“参加科技项目人员”“全部科技项目数”等），增加符合实际的指标（“本科毕业及以上人员”“全职人员”等），具体体现在指标增减与指标调整两方面（见表1-5、表1-6）；逻辑更为清晰，主要是解决“研发经费”等指标的逻辑不清、“其中”项缺失问题；便于企业填报，主要是指统计指标更接地气，与企业人事、财务报表所用指标结合得更好。

表1-5 《规模以上工业法人单位研发活动及相关情况》报表的指标增减

增加指标	取消指标
1. 本科毕业及以上人员 2. 研发经费支出合计 3. 对境内企业支出	1. 参加科技项目人员 2. 科技管理和服务人员 3. 高中级技术职称人员 4. 全部科技项目数 5. 全部科技项目经费内部支出 6. 期末企业在境外设立的科技活动机构

表1-6 《规模以上工业法人单位研发活动及相关情况》报表的指标调整

2014年年报	2015年年报
科技活动人员合计	研发人员合计
全时人员	全职人员
企业内部用于科技活动的经费支出	企业内部的日常研发经费支出
当年形成用于科技活动的固定资产	当年形成用于研发的固定资产支出
委托外单位开展科技活动的经费支出	委托外单位开展研发的经费支出
使用来自政府部门的科技活动资金	使用来自政府部门的研发资金
专利申请数	当年专利申请受理数
引进技术的消化吸收经费支出	引进境外技术的消化吸收经费支出

（四）实施路径

适应重庆现实发展需要，以强化分类统计和分析为切入点，加快建立和完善R&D调查统计体系，逐步建立与国际接轨的R&D统计指标体系，拓展统计范围，规范统计标准，创新统计方法，强化调查队伍，推动统计体制和指标体系更趋于完整化、系统化、规范化和标准化。

1. 以研发为中心，完善研发投入统计及分析制度

进一步完善以“研发”为中心的统计规则，推动调查体系多元化发展，积极探索R&D资本化核算，全面提升专题调查分析的广度和深度。

一是完善研发活动（R&D）报表制度。把握研发活动的规律，以研发为中心，设计研发活动报表，开展周期性调查。该报表对“研

发”（R&D）进行明确的规范，适用于工业企业、服务类企业、高等院校、科研机构，主要包括研发项目、研发目的、经费构成、研发人员、税收激励等。

二是完善多元化的 R&D 调查体系。在实施统计报表制度的基础上，强化抽样调查、重点调查和普查工作，加快形成多元化的 R&D 统计调查体系。重点探索对服务业、科技型中小企业、风险投资市场、科技引导性基金的抽样调查和重点跟踪调查工作。调查时限除年报和十年清查以外，探索针对一些新兴或重点领域开展季度或定期调查。

三是积极探索推进 R&D 资本化核算。逐步推动 R&D 统计指标体系与国民经济核算体系（SNA）的融合，在现有科研机构、高等院校和规模以上工业企业三大部门的基础上拓展 R&D 核算的部门，争取尽快覆盖全社会 R&D 活动，使 R&D 统计口径范围与国内生产总值的口径相一致，不仅涵盖生产领域还涵盖服务领域。

四是强化 R&D 重点领域专题统计分析。市统计局在每年对统计单位基本情况进行综合分析的基础上，其他统计部门和职能管理部门也要强化对战略性新兴产业、国有企业、科研机构、高等学校等重点领域 R&D 投入和影响的跟踪、统计、分析，及时发现问题，提出可供政府决策的建议。

2. 扩大调查统计范围，健全统计标准和规范

根据研发创新发展趋势，逐步探索扩大调查统计范围，健全统计标准和规范。

一是探索建立科技中小企业特定范围内跟踪统计制度。借鉴中关村等国家科技示范区的经验，赋予工业园区管理委员会统计职能，把规模以下企业纳入统计范围，每季度向市统计局报送企业科技创新和研发投入情况统计报表。市统计局、市经信委、市科委联合组建企业

研发活动调查组，对存续期超过 3 年的规模以上中小企业、服务型企业的研发活动进行摸底，建立研发活动（R&D）企业统计名录库。

二是探索建立科技风险投资孵化项目统计制度。由市科委负责统计全市的科技风险投资基金孵化项目，每季度编制孵化项目的研发活动报表，研发活动报表由市科委报送市统计局。针对风险投资的特点，市科委与市统计局共同研究形成孵化项目的统计报表。

三是建立对高校校办科技企业的研发投入统计制度。市教委与市统计局对高校属的校办科技企业进行调查统计，编制年度研发活动统计表。

四是加强统计制度宣传，做到应统尽统。市统计局、市科委、市教委加强对企业、科研院所、高等学校等被调查对象的培训，防止新设立调查对象因为指标理解不清未纳入统计范围的情况发生；同时摸清调查基数，做到应统尽统。市统计局对全部规模以上工业企业进行研发活动调查，不再限制研发活动的立项经费数额。市科委是对达到一定研发投入规模的研发机构进行调查统计，建议一方面加强指标宣传培训，防止新设立研发型机构未纳入 73、74、75 行业统计范围的情况发生；另一方面尽快进行全面清查，梳理由于行业代码设置原因导致难以纳入研发投入统计范围的情况并进行专项调整。

五是统计研发协作服务。对第三方科研服务机构的对外提供研发活动服务情况进行调查规范，把相应的研发投入纳入统计范围。

六是加强服务业科技活动统计调查。目前重庆市服务业发展迅速且较好，而这些单位的科技活动统计仍然是 5 年一次，较长的间隔周期不利于各级部门对该领域的科技管理。因此建议市科委加强与市统计局服务业处的沟通协调，将服务业科技活动统计周期缩短为 2 年。

3. 完善统计指标体系，实施分类统计监测

加快与国际国内指标体系进行对接，并根据重庆实际和特色进行

分类实施，不断完善统计指标体系。

一是完善全社会科技统计指标体系。探索增设三个一级指标及其分类，增设“研发项目”“技术经济目标”“固定资产折旧”三个一级指标，计量单位为“千元”。“研发项目”设立“孵化项目”“试验项目”“产业化项目”三个类别。“技术经济目标”设立“开发全新产品”“增加产品功能或提高性能”“减少能源消耗或提高能源使用效率”“提高劳动生产率”“减少环境污染”“技术原理研究”“节约原材料”“其他”8个分类。在现有的经费来源的分类中增设“风险投资资金”类。“固定资产折旧”设立“建筑物”“科学仪器仪表”“生产设备”“计算机网络设备”四个分类。

二是健全全社会行业分类统计指标。对原始数据进行加工，探索建立健全高技术产业、“6+1”支柱行业和十大战略性新兴产业的分类统计指标体系。探索高新技术产业的认定以R&D经费投入强度作为标准。探索出台全市“6+1”支柱行业划分标准。按《国家统计局关于印发战略性新兴产业分类（2012）（试行）的通知》，出台重庆市战略性新兴产业的统计标准，探索建立“行业+产品”的划分标准，创新按照研发项目进行R&D投入统计。

三是探索建立衡量R&D产出及其对经济社会影响的指标。收集整理测算办法，定期开展技术进步对经济增长的贡献率、R&D与经济增长相关系数、国际技术收支等测算，开展科技成果推广率、应用率等综合性指标的研究与开发。

4. 协调统计机构关系，强化调查人员队伍建设

坚持条块结合、分工协作的原则，协调统计机构的关系，探索对全社会研发活动进行统一分类和统一设置统计指标。强化统计队伍建设，提高监测决策服务水平。

一是协调统计机构关系。推动三大统计机构在研发活动分类和指标设置上形成统一的标准。明确各部门的工作职能与分工，市统计局负责研发活动统计的组织协调工作，制定 R&D 统计工作发展规划、统计调查规范和标准，审查各部门的统计调查项目，负责汇总、审定和公布全社会研发投入统计数据；科研机构、高等院校、国防科技系统的研发活动分别由科委、教委和国防科工委负责统计，并报送给统计部门；企业(包括第一、第二、第三产业）和其他行业的研发活动调查由统计局组织实施，并负责综合全社会科技统计数据。全社会科技进步对经济增长的贡献率测算由市统计局会同市科委、市发改委组织实施。

二是加强统计调查队伍建设。加强研发统计队伍建设，在具有研发活动的企业及相关单位设立研发统计专员，定期举办相应统计知识培训，形成能够全面准确及时反映全社会创新成果的统计能力。

三是建立信息化填报统计制度。建立网上直报系统，探索设立呼叫服务中心，在线为填报人员提供服务。

三、保障措施

（一）组织保障

重庆研发投入分类统计体系及统计分析制度建设是统计现代化的核心，是统计部门的一项长期战略性任务，也是统计改革创新的成果体现。统计系统各级部门应当提高认识，加强整体性考虑，统一思想，形成共识，统筹安排，落实措施，建立全市推进研发投入分类统计建设工作协调机制，统筹协调解决统计数据采集、报送、分析以及平台建设中的重大问题。成立 R&D 统计工作领导小组，建立科技管理部门牵头，人力资源、财务及基建管理部门共同参与的填报机制及数据审核机制，充分发挥市科技、发改、经信、财政、人社、税务以及各调查单位上级主管部门的职能作用，密切配合，加强协调，形成共同推进重庆研发投入分类统计体系及统计分析制度建设发展合力。

（二）人才保障

加强研发统计队伍建设，采取专门进修、普及培训和岗位培训等多种方式，加强统计和信息技术复合人才的培养，努力建设一支掌握信息技术能使用大数据分析方法的专业队伍。在具有研发活动的企业及相关单位设立研发统计专员，及时总结、交流和推广研发统计建设的经验做法，形成能够全面准确及时反映全社会创新成果的统计能力。

（三）技术保障

加快现代信息技术在统计业务发展中的应用。注重统计应用软件的开发、推广和运用，加快网络直报系统的研究。对于研发投入统计建设中的共性需求，市统计局积极组织区县统计局及相关职能部门集中人力、物力协同攻关，成果共享。进一步健全统计分析机制。创新战略性新兴产业研发投入统计标准，完善科技型中小企业统计工作。积极开展研发投入数据分析，以年报方式定期发布 R&D 投入数据，提出 R&D 投入领域、强度等方面的宏观决策参考。

（四）经费保障

区（县）级政府应当将研发投入统计建设所需经费列入本级财政预算，按时拨付，确保到位。全市继续加大对统计数据综合处理平台、研发统计报表网上直报平台以及重庆千亿研发投入统计数据库等统计平台的投入。切实落实千亿研发统计中工作人员的劳动报酬经费。

第二章

提升重庆研发投入水平研究

一、重庆全社会研发投入现状及问题分析

（一）总体特征

近年来，在市委、市政府的领导下，全市深入贯彻落实党的十八大创新战略精神，着力实施“科教兴渝”支撑战略，全社会 R&D 活动日益活跃，投入结构持续优化，投入产出稳步增加，有力支撑了重庆区域创新能力不断提升态势。

1. R&D 投入规模快速增长，投入强度逐步接近西部前列

伴随重庆建设长江上游科技创新中心步伐加快，“十一五”以来，全市 R&D 投入规模实现快速增长。2013 年重庆 R&D 投入达到 176.5 亿元，在全国的排名由第 19 位（2006 年）上升到第 17 位；在西部的排名继续保持第 3 位；同比增长 10.5%，较 2006 年增长了 3.6 倍，年均增长 24.5%，快于全国平均水平（21.7%）2.8 个百分点、西部地区平均水平（21.8%）2.7 个百分点。同时，在创新驱动发展上升为国家战略的带动下，R&D 投入强度稳步提高。2013 年，重庆 R&D 投入占 GDP 比重达到 1.39%，在全国的排名由第 16 位上升到第 14 位。与陕西、四川差距缩小，2013 年重庆 R&D 投入强度分别落后陕西、四川 0.75 个、0.13 个百分点，较 2006 年差距分别缩小了 0.42 个、0.14 个百分点[①]

① 2006 年重庆 R&D 投入强度分别落后陕西、四川 1.17 个、0.27 个百分点。

（见图2－1、图2－2）。

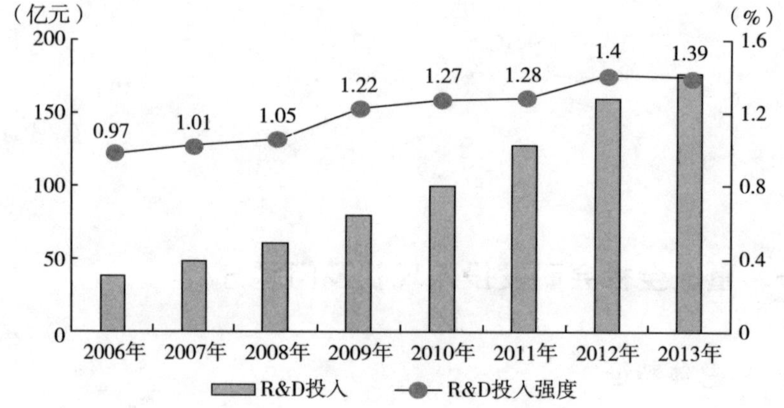

图2－1　2006—2013年重庆R&D投入规模和投入强度发展情况

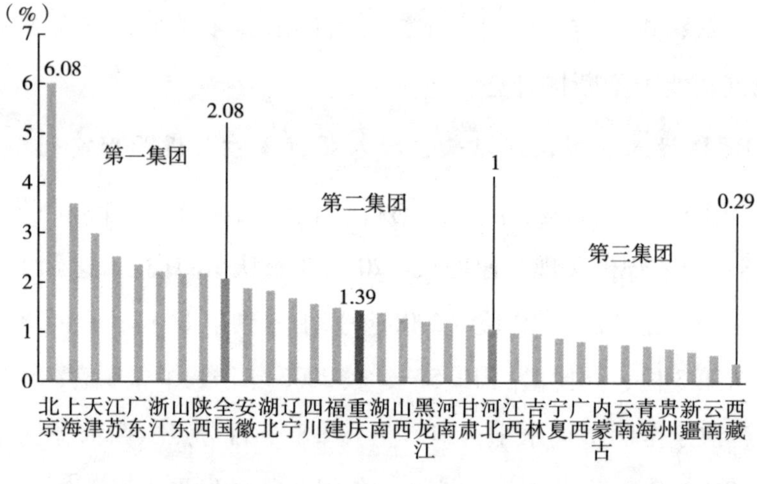

图2－2　2013年重庆R&D投入强度国内比较情况

2. R&D投入经费主要来源于企业，投入模式转型发展领先西部

发达国家R&D投入模式的变迁轨迹：工业化发展的第一阶段，以政府主导型模式为主，而从工业化发展的第二阶段开始，则会逐步过渡到政府企业双主导型，并将最终过渡到企业主导型。2006年以来，全市企业R&D经费投入的资金占全部R&D经费投入的比重

超过了75%，2013年比重达到最高值82.3%。企业R&D资金八年累计投入623.76亿元，占全市R&D累计投入总量的78.9%，年均增速25.8%，高于全市R&D投入增速1.3个百分点。从全国范围上看，2013年，重庆企业R&D投入比重明显高于全国平均以及西部地区，呈现从政府主导型向企业主导型转型发展保持西部领先的特点（见表2-1、图2-3）。

表2-1　2006—2013年重庆R&D经费来源情况

单位：亿元

	政府	企业	国外	其他	合计
2006年	6.57	29.18	0.07	2.25	38.07
2007年	8.12	37.09	0.06	1.8	47.07
2008年	9.14	47.99	0.13	3.63	60.89
2009年	15.31	61.34	0.35	2.46	79.46
2010年	20.82	75.53	0.31	3.61	100.27
2011年	20.14	101.48	0.54	6.2	128.36
2012年	23.06	125.82	0.24	10.68	159.8
2013年	24.11	145.33	0.45	6.6	176.49
累计	127.27	623.76	2.15	37.23	790.41
年均增速（%）	20.4	25.8	30.4	16.6	24.4

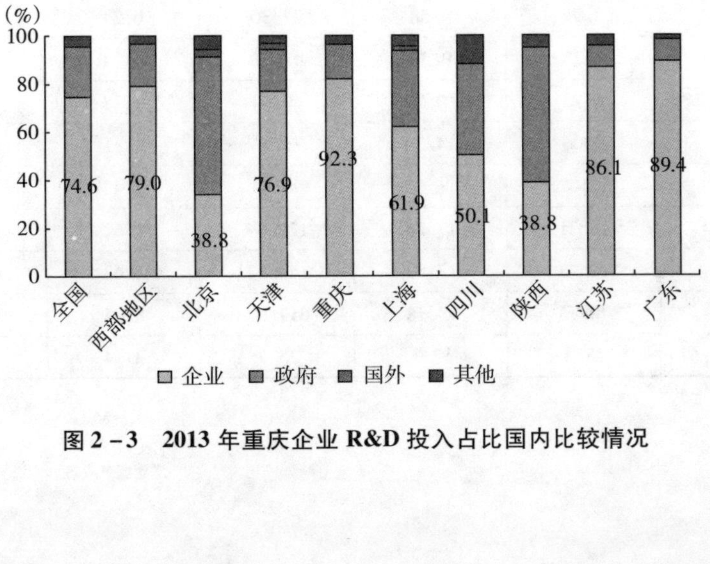

图2-3　2013年重庆企业R&D投入占比国内比较情况

3. R&D执行部门以企业为主体，科研机构经费增长迅速

企业既是R&D活动资金投入的主体，也是R&D活动的执行主体。2013年，在R&D总经费支出中，企业R&D经费为144.54亿元，占R&D总经费的81.9%，比“十一五”初上升了约4个百分点，主导地位进一步强化。得益于近年来重庆着力实施“科教兴渝”支撑战略，持续优化创新政策环境，加大引进国内外技术研发中心和各类国家及产业技术研发机构入渝力度，截至2013年年底，全市较2006年新增国家重点实验室4个、市级重点实验室57个和市级以上工程（技术）研究中心272个，极大促进了全市科研机构发展。从R&D经费内部支出的执行部门来看，科研机构经费增长迅速。2006—2013年，全市科研机构R&D经费累计使用70.73亿元，年均增速28.3%，高于全市R&D投入增速3.8个百分点（见表2-2、图2-4）。

表2-2 2006—2013年重庆各执行部门R&D经费内部支出

单位：亿元

类别	科研机构	高等院校	企业	其他	合计
2006年	2.23	5.79	29.18	0.24	38.07
2007年	2.95	6.58	37.30	0.24	47.07
2008年	3.23	9.30	48.12	0.24	60.89
2009年	6.75	10.79	60.64	1.28	79.46
2010年	9.06	14.34	75.56	1.31	100.27
2011年	15.42	11.62	99.84	1.48	128.36
2012年	18.31	17.23	122.64	1.62	159.80
2013年	12.78	17.53	144.54	1.63	176.49
合计	70.73	93.18	617.82	8.04	790.41
年均增速（%）	28.3	17.1	25.7	31.4	24.5

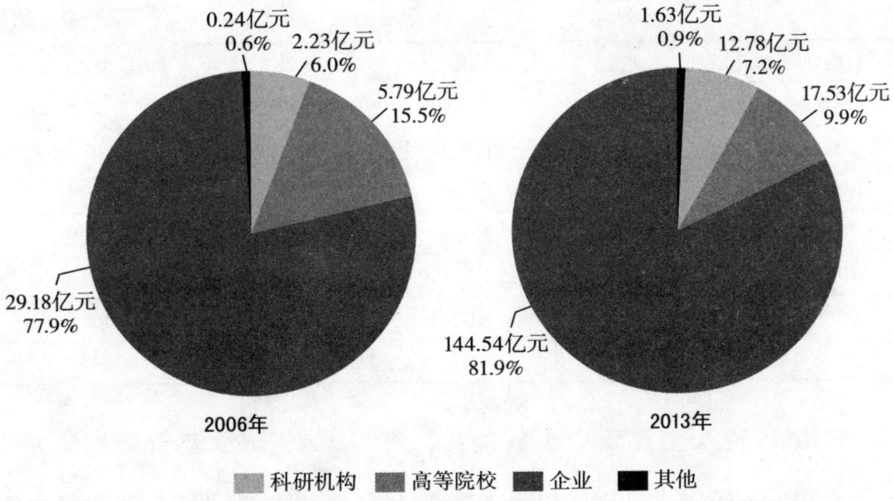

图 2－4　2006 年与 2013 年重庆各执行部门 R&D 经费支出及占比情况

4. R&D 研究活动主要集中在试验发展领域，基础研究有所加快

随着重庆传统产业升级换代加快和高新技术及新兴产业发展提速，全市研究结构进一步向试验发展阶段集中。2013 年，重庆试验发展经费达到 153.5 亿元，较 2006 年增长 3.7 倍，占全市重庆 R&D 支出的 87.0%，位居全国第八、西部第一。同时，立足区域自主创新能力建设，重庆加大了基础研究的投入，增速不断加快，2013 年重庆基础研究的经费为 6.96 亿元，较 2006 年增长 5.5 倍，年均增速达 30.5%，分别领先全市 R&D 经费、应用研究经费和试验发展经费增速 6.1 个、10.5 个和 5.7 个百分点，为促进重庆经济社会发展提供了有力支撑（见表 2－3）。

表 2－3　2006—2013 年重庆 R&D 研究类型情况

单位：万元

类别	基础研究	应用研究	试验发展	试验发展占比（%）
2006 年	10755	44674	325330	85.4
2007 年	20900	46373	403461	85.7

续表

类别	基础研究	应用研究	试验发展	试验发展占比（%）
2008 年	32895	55008	520949	85.6
2009 年	43473	128007	623119	78.4
2010 年	64984	131763	805916	80.4
2011 年	89403	206511	987649	76.9
2012 年	87535	243231	1267209	79.3
2013 年	69563	160252	1535096	87.0
年均增速（%）	30.5	20	24.8	—

5. R&D 投入主要集中于制造业，汽车工业 R&D 处于领先位置

全市 R&D 经费主要以投向制造业为主。制造业 R&D 经费内部支出从 2006 年的 26.2 亿元增长到 2013 年的 136.9 亿元，制造业经费投入占全部经费支出的比重保持在 70% 左右。2013 年制造业 R&D 经费支出占全市的 72.1%，科学研究和技术服务业占 14.8%，教育占 10.8%，卫生和社会工业占 0.7%，信息传输、软件和信息技术服务业占 0.2%，其他行业占 1.4%。同时，高新技术企业 R&D 投入 71.05 亿元，占 51.2%；研发投入强度达到 2.56%。此外，在制造业内部，汽车制造业 R&D 人员是全市唯一拥有过万研发人员的重点行业，且拥有长安、中国汽车工程研究院、重庆理工大学等研发平台、资源共享平台和成果转化平台，R&D 投入规模和强度一直处于行业领先地位。2013 年汽车工业 R&D 经费为 48.01 亿元，占全市规模以上工业企业 R&D 经费的 34.6%；R&D 研发投入强度达到 1.54%，处于重庆“6 + 1”支柱产业领先地位（见图 2 – 5、表 2 – 4）。

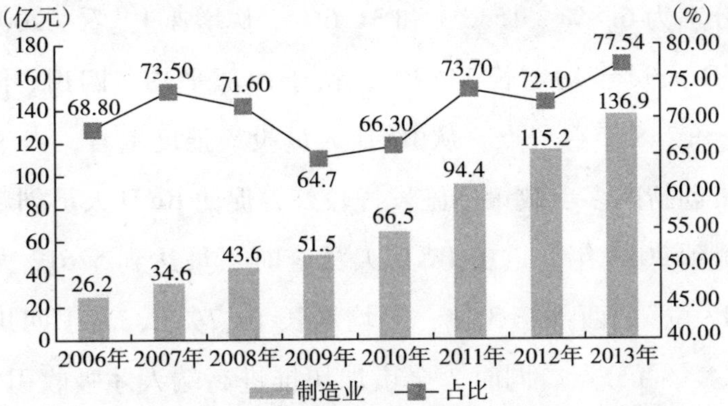

图 2-5　2006—2013 年重庆制造业 R&D 经费内部支出发展情况

表 2-4　2013 年重庆"6+1"R&D 发生情况

行业	研发投入强度（%）			R&D 经费内部支出（万元）			
	2013 年	2012 年	同比增长百分点	2013 年	2012 年	同比增长（%）	2013 年占比（%）
汽车工业	1.54	1.8	-0.26	480118.6	431378.4	11.3	34.6
电子信息	0.4	0.32	0.08	111835.6	68488	63.3	8.1
装备制造	1.25	1.36	-0.12	297494.3	298043.3	-0.2	21.4
化工医药	1.52	1.54	-0.02	177356.7	163380.9	8.6	12.8
材料行业	0.72	0.57	0.16	164068.6	109479.4	49.9	11.8
能源工业	0.11	0.12	-0.01	13417.3	13934.8	-3.7	1.0
消费品行业	0.45	0.36	0.09	109571.3	71776.2	52.7	7.9

6. R&D 人力资源稳步发展，人员结构进一步优化

近年来重庆市加大科技人才培养力度，特别是重庆"6+1"支柱产业，不仅促进了产业的集聚，也带动了人才的聚集，推动重庆 R&D 人员投入总量和利用效率得到较大提升。到 2013 年，重庆市拥有 R&D 人员 83722 人，名列全国第 18 位①、西部第 3 位，其中：博士毕业 5665 人，硕士毕业 12837 人，本科毕业 26419 人，占全市 R&D 人

① 2009 年名列全国第 20 位、西部第 3 位。

员的比重分别为6.8%、15.3%和31.6%。从增速上[1]看，2009—2013年重庆R&D人员年均增长11.9%，快于西部平均、四川、陕西2.6个、3.3个和2.8个百分点。从R&D人员投入强度上看，由于市内激励科研人员创新的多项政策措施发挥较好，促使R&D人员创新活动更趋于活跃。到2013年，重庆R&D人员全时当量达到52612人年，排在全国第17位[2]、西部第3位，年均增长10.7%[3]，高于四川、陕西4.4个、2.4个百分点。同时，全市加快推进高端人才吸收引进战略，带动重庆R&D人员投入结构进一步优化。从学历结构上看，2013年博士、硕士及本科学历的R&D人员占全市R&D人员的53.7%，高于全国水平7.1个百分点。其中，2009—2013年博士学历R&D人员实现年均增长17.6%，不仅快于全国及西部水平，而且还领先于江苏、广东等沿海发达地区（见表2－5）。

表2－5　2013年重庆R&D人力资源发展情况

地区	2013年			2009—2013年		
	R&D人员数量（人）	其中：博士毕业（人）	R&D人员全时当量（人年）	R&D人员年均增长（%）	其中：博士毕业年均增长（%）	R&D人员全时当量年均增长（%）
全国	5018218	287480	3532817	12.0	12.6	11.4
西部	678101	44366	205552	9.3	14.8	－10.6
北京	334194	60068	242175	7.2	67.6	6.0
天津	143667	8598	100219	18.6	12.6	17.8
上海	226829	22226	165755	7.4	6.7	5.7
江苏	626882	25382	466159	14.1	17.0	14.3

① 由于2009年全国开展了第二次全国R&D资源清查工作，对部分指标统计方式进行了调整，所以本研究以2009年为基期。

② 2009年排在全国第20位、西部第3位。

③ 2009年为基期。

续表

地区	2013 年			2009—2013 年		
	R&D 人员数量（人）	其中：博士毕业（人）	R&D 人员全时当量（人年）	R&D 人员年均增长（%）	其中：博士毕业年均增长（%）	R&D 人员全时当量年均增长（%）
广东	652405	18387	501718	14.2	9.6	15.3
四川	173914	11719	109708	8.6	16.5	6.3
陕西	132570	8434	93494	9.1	13.0	8.3
重庆	83722	5665	52612	11.9	17.6	10.7

7. R&D 专利规模持续扩大，专利质量全面提升

目前，重庆通过积极推进知识产权保护长效机制建设，加快实施产业专利促进计划，大力发展知识产权服务业等举措，为全市科技创新营造了良好的氛围，成果转化取得积极成效，从而推动重庆专利申请数量和质量实现“双提升”。2013 年全市申请专利 49036 件，排在全国第 14 位、西部第 3 位。其中，发明专利 12562 件，占专利申请总量的 25.6%，较 2006 年提高了 7 个百分点；有效发明专利密度由 2006 年的 0.2 件/万人上升到 2.9 件/万人，排在全国第 15 位，R&D 产出能力明显增强（见图 2－6、表 2－6）。

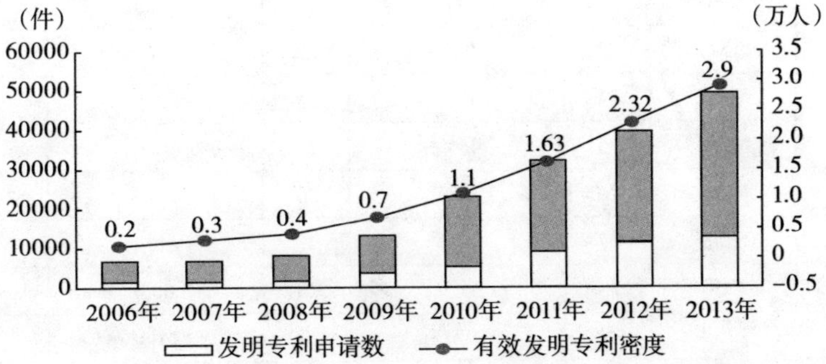

图 2－6　2006—2013 年重庆 R&D 专利规模情况

表2-6 2013年各省（区、市）专利申请情况

省份	专利申请数	排名	发明专利申请数	排名	有效发明数	排名
江苏	504500	1	141259	1	62112	3
浙江	294014	2	42744	5	43275	5
广东	264265	3	68990	2	95475	1
山东	155170	4	67642	3	27996	6
北京	123336	5	67554	4	85434	2
安徽	93353	6	34857	7	11566	13
上海	86450	7	39157	6	48370	4
四川	82453	8	23510	10	16677	7
天津	60915	9	21946	11	12301	12
陕西	57287	10	26487	8	14394	10
河南	55920	11	15580	13	11249	14
福建	53701	12	9884	18	10429	15
湖北	50816	13	18189	12	15235	9
重庆	49036	14	12562	15	8609	16
辽宁	45996	15	25292	9	16092	8
湖南	41336	16	11938	16	14195	11
黑龙江	32264	17	10338	17	8495	17
河北	27619	18	7329	19	7404	18
广西	23251	19	14382	14	3692	22
山西	18859	20	6025	20	5250	20
贵州	17405	21	3988	22	3262	24
江西	16938	22	3931	24	3354	23
云南	11512	23	3961	23	5160	21
甘肃	10976	24	3735	25	2714	25
吉林	10751	25	4549	21	5676	19
新疆	8224	26	2081	26	1756	28
内蒙古	6388	27	1935	27	2114	27
宁夏	3230	28	1792	28	603	30
海南	2359	29	921	29	1498	29
青海	1099	30	520	30	364	31
西藏	203	31	92	31	184	32

（二）现状评价

经过多年的努力，重庆市研发投入体系已经基本形成以政府为引导，企业投入为主体，高等学校、科研院所、个人及其他社会投入全面参与的框架体系。2013 年，重庆综合科技进步水平指数列全国第 11 位、西部第 2 位。

1. 财政 R&D 投入现状评价

目前，重庆市立足本市优势产业基础，结合国家产业政策导向，加强重点产业领域的政府财政引导作用，推进科技成果产业化，初步建立起中央、市县级财政科技资金面向企业、科研院所、高校等市场主体的覆盖科技创新各阶段各领域的全面支撑体系。

（1）财政 R&D 资金投入规模不断加大，对企业的支持力度明显高于全国平均水平

重庆市政府一贯重视科技创新，先后制定了多项制度措施，从政策的高度上确保政府财政对科技投入的持续支持，带动重庆财政 R&D 资金投入力度和规模不断加大。2013 年财政 R&D 资金投入（包括中央财政和市级财政）达到24.11 亿元，较2006 年增长了2.7 倍，年均增速达到20.4%，快于同期全市 GDP 平均增速（18.3%）2.1 个百分点。同时，从政府资金对 R&D 执行部门支持上看，2013 年，重庆企业、研究与开发机构和高等学校基本呈现“1∶1.5∶1.4”的分配格局[①]，其中，政府资金投向规上工业企业 4.7 亿元，占政府资金总量的 20.6%，高于同期全国平均水平（14.4%）6.2 个百分点，这是与重庆作为我国重要的老工业基地，产业门类齐全，一方面市场“倒逼”传统产业转型升级，另一方面战略性新兴产业亟待提速的发展环境分不开的（见表2－7、图2－7）。

① 全国基本呈现“1∶4∶1.5”的格局。

表 2-7 2006—2013 年重庆财政 R&D 资金投入情况

年份	R&D 经费内部支出（万元）	政府资金		
		政府资金（万元）	政府资金占比（%）	政府资金增速（%）
2006	380759	65689	17.3	—
2007	470734	81150	17.2	23.5
2008	608852	91353	15.0	12.6
2009	794599	153117	19.3	67.6
2010	1002663	208184	20.8	36.0
2011	1283560	201425	15.7	-3.2
2012	1597973	230572	14.4	14.5
2013	1764911	241133	13.7	4.6

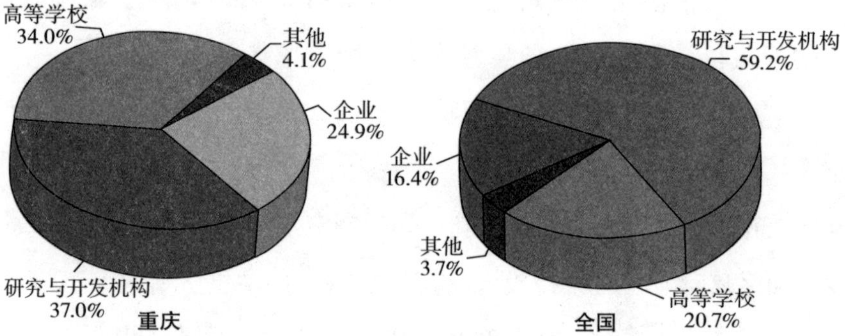

图 2-7 2013 年财政 R&D 资金投入结构重庆与全国比较

（2）区县财政科技支出比重①创历史新高，但区县自身财政科技支出还存在较大差距

随着重庆经济的快速发展，全市各个区县财政实力显著增强，特别是在加快贯彻落实创新驱动战略的带动下，重庆区县财政科技支出比重实现稳步提高。2013 年，重庆区县级落实财政科技支出 26.8 亿元，同比增长 54.9%，高于全市财政科技支出增速（31.5%）23.4 个百分点；占全市财政科技支出的比重达到 68.2%，创历史新高，较上年

① 区县财政科技支出比重是指区县财政科技支出占全市财政科技支出的比重。

同期提升了10.3个百分点。从区县财政科技支出绝对值上看，万州区以1.5亿元领跑全市各个区县，巫山县0.06亿元垫底，两者相差24倍。从区县财政科技支出相对值①上看，沙坪坝区以2.07%领先，巫山县以0.18%垫底，两者相差10.5倍。其中：沙坪坝区、潼南区、合川区、大足区、北碚区、万州区、巴南区、大渡口区、渝北区和酉阳土家族苗族自治县超过了全市平均水平（1.28%）（见图2－8）。

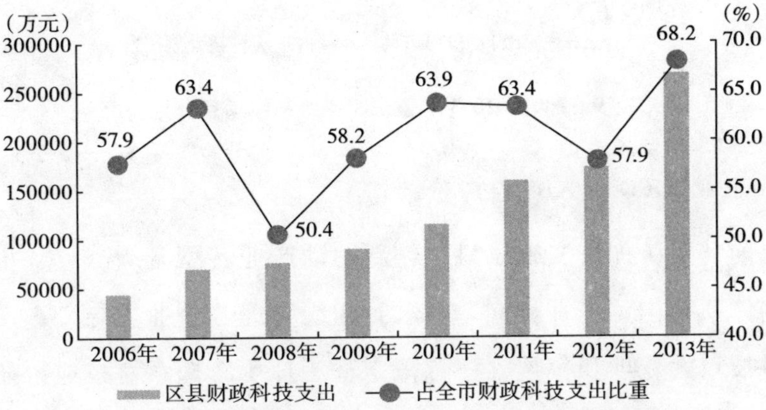

图2－8　2006—2013年重庆各区县财政科技支出情况

（3）国家级项目主导地位进一步加强，现代农业等成为市级项目的重点

从国家层面上看，随着重庆发展的国家战略地位的强化和凸显，国家级科技计划项目进一步向重庆倾斜。2013年，重庆国家级科技计划项目拨款金额达到36.2亿元，占国家和市级科技计划项目总金额的81.3%，主导地位进一步加强（见图2－9）。从市级层面上看，2013年，现代农业、医药卫生、汽摩产业是重庆市级科技计划项目布局的重点。其中：现代农业计划投入1.7亿元，占总计划的20.5%；医药卫生计划投入1.3亿元，占总计划的15.7%；汽摩产业计划投入0.8

① 区县财政科技支出相对值是指区县财政科技支出占自身公共支出比重。

亿元，占总计划的9.6%。

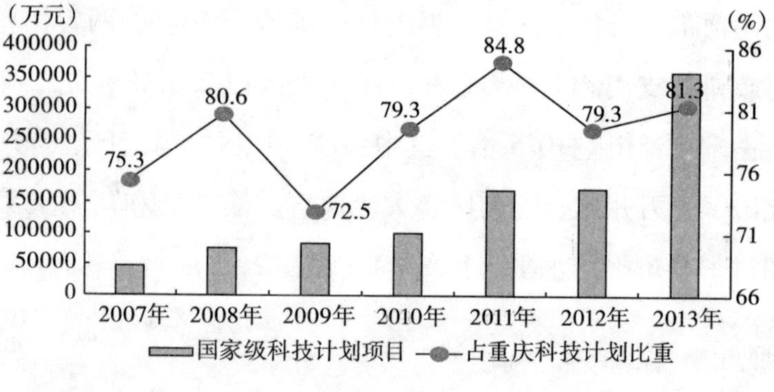

图2－9　2007—2013年重庆国家级科技项目计划情况

2. 企业R&D投入现状评价

目前，重庆加快实施以科技创新驱动产业转型升级战略，推进科技计划体系结构“产业导向”和项目组织管理“企业主导”改革，以实施科技重大专项和科技支撑示范工程为抓手，探索科技成果研发及产业化、重大创新产品首台（套）首购首试市场推广等新模式，创新产业链、创新链、人才链、资金链配套融合等资源配置机制，企业R&D发展初见成效。

（1）企业研发投入快速增长，主导作用不断凸显

随着企业对于研发认识的提高，企业已经成为全市全社会研发投入的主体，近年来其R&D投入保持较快增长势头。2013年，全市有R&D活动的企业数712个，占全市有R&D活动的单位数的80.27%，其中大中型工业企业355个，占全部企业的50%。2013年企业R&D经费内部支出总量为144.54亿元，是2008年的3倍，2008—2013年年均增长24.6%；占全市全社会R&D投入的81.9%，比2008年提高2.9个百分点。从投入活动来看，由于企业研发目的主要在于产品创新，全市企业研发投入主要用于试验发展，2013年用于试验发展的研发投入为142.66亿元，占比达到

98.7%，其中大中型工业企业为123.06亿元，占比达到99.3%。从三次产业来看，企业R&D投入主要集中在第二产业，其中制造业占比最大。2013年，第二产业R&D投入138.95亿元、占96.13%，其中制造业R&D投入136.85亿元、占94.68%（见图2－10、表2－8、图2－11）。

图2－10　重庆市2008—2013年企业R&D经费内部支出变化情况

表2－8　2013年重庆市企业R&D投入活动分类情况

单位：亿元

项目	R&D经费内部支出	其中：基础研究	应用研究	试验发展
企业	144.54	0.076	1.81	142.66
其中：大中型工业企业	123.97	0.065	0.84	123.06

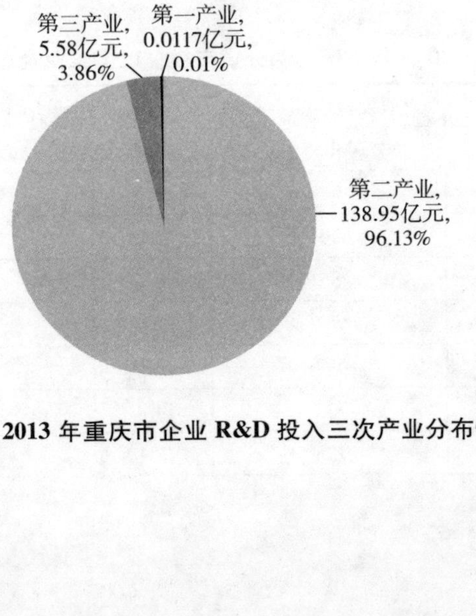

图2－11　2013年重庆市企业R&D投入三次产业分布情况

（2）规模以上工业企业研发投入增长较快，行业和区域集中度较高

规模以上工业企业中有R&D投入的企业占比保持持续增长。2013年，有R&D活动的规模以上工业企业668家，比2009年增加了119家，占全市规模以上工业企业数量的12.0%，比2009年提高了3.44个百分点，占比高于西部地区平均水平及四川；有研发机构的规模以上工业企业417家，比陕西多，占7.5%，高于西部地区平均水平（见图2-12、表2-9）。

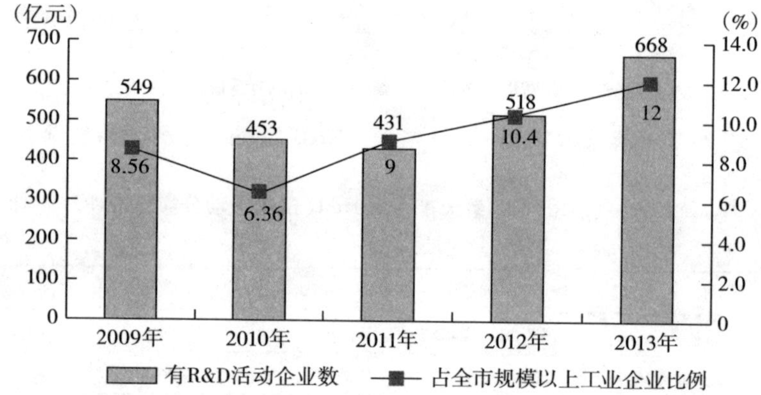

图2-12　2009—2013年重庆市规模以上工业有R&D活动企业数量变化情况

表2-9　2013年重庆与部分省市规模以上工业企业研发基本情况

地区	企业数	#有研发机构的企业数	占比（%）	#有R&D活动的企业数	占比（%）
全国	369741	43055	11.6	54832	14.8
东部地区	219383	33036	15.1	40199	18.3
中部地区	77111	6201	8.0	8983	11.6
西部地区	46176	2851	6.2	3967	8.6
东北地区	27071	967	3.6	1683	6.2
北京	3641	498	13.7	1059	29.1
天津	5499	775	14.1	1732	31.5
上海	9796	725	7.4	1661	17.0

续表

地区	企业数	#有研发机构的企业数	占比（%）	#有 R&D 活动的企业数	占比（%）
江苏	48771	15775	32.3	12283	25.2
广东	41181	2692	6.5	5691	13.8
重庆	5559	417	7.5	668	12.0
四川	13001	700	5.4	819	6.3
陕西	4751	382	8.0	574	12.1

规模以上工业企业研发投入保持较快增长。2013 年，全市规模以上工业 R&D 人员全时当量达到 36605 人·年，比 2009 年增长 62.3%，2009—2013 年年均增长 12.9%。同时，2013 年，全市规模以上工业企业 R&D 经费内部支出为 138.82 亿元，是 2009 年的 2.45 倍，2009—2013 年年均增长 25.2%（见图 2－13、图 2－14）。从资金来源看，企业资金投入达到 131.63 亿元，占 94.8%；政府资金投入 5.72 亿元，占 4.1%，占全社会研发投入政府资金比例为 25.0%。

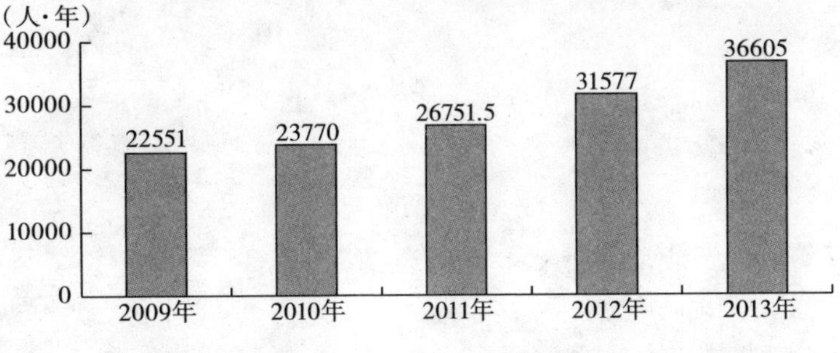

图 2－13　2009—2013 年重庆市规模以上工业 R&D 人员全时当量变化情况

规模以上工业企业研发投入主要用于试验发展，大型企业、国有控股、地方企业投入占比较大。按活动类型分，用于基础研究的仅为 0.065 万元，占比不到 0.05%；用于应用研究的为 1.131 亿元，占比为 0.81%；用于试验发展的达到 137.624 亿元，占 99.14%。从隶属关系看，中央企业投入 43.3 亿元，地方企业投入 95.6 亿元，分别占 31.2%

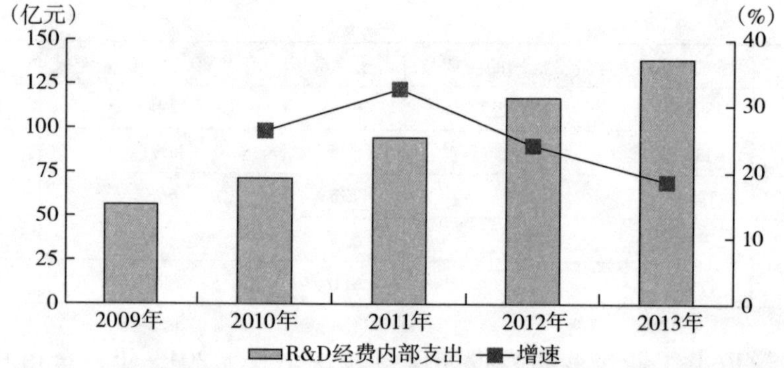

图2－14　重庆市2009—2013年规模以上工业企业研发投入增长情况

和68.8%。从企业规模来看，大型企业投入96.71亿元，占69.67%；中型企业投入27.25亿元，占19.63%；小型企业投入14.85亿元，占10.70%。从企业控股情况来看，国有控股企业投入72.87亿元，位列第一，占52.49%；其次为私人控股企业，为50.75亿元，占36.56%（见图2－15）。

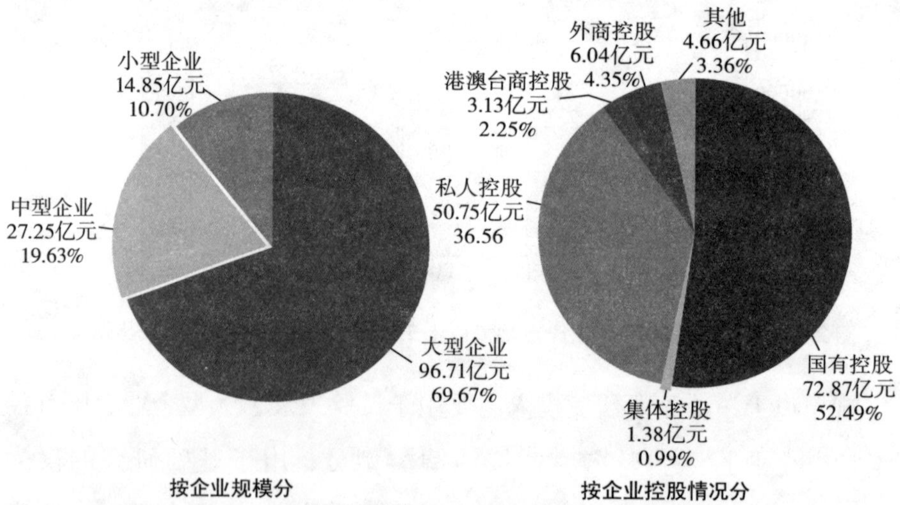

图2－15　2013年重庆市规模以上工业企业R&D投入基本情况

规模以上工业企业科研活动主要集中在汽车等重点行业以及高新技术企业。从“6＋1”产业分类看，按照R&D经费内部支出由多到少排列依次为：汽车，为48.01亿元，占35.46%；装备制造，为29.75亿元，占21.97%；化工医药，为17.74亿元，占13.10%；材料，16.41亿元，占12.12%；电子信息，11.18亿元，占8.26%；消费品，10.96亿元，占8.10%；能源，1.34亿元，占0.99%（见图2－16）。

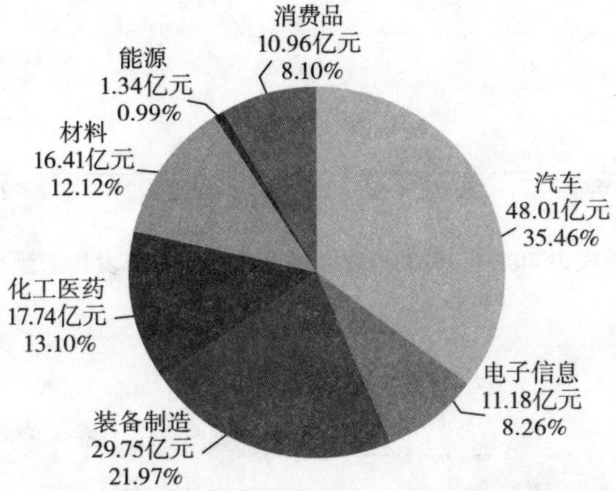

图2－16　2013年重庆市规模以上工业企业R&D经费内部支出产业分布情况

（3）工业企业研发投入强度西部领先，高新技术企业和国有大型企业投入强度靠前

从规模以上工业企业R&D研发投入强度来看，2013年，全市规模以上工业企业R&D经费投入占主营业务收入比重为0.89%，比2009年提高0.04个百分点，略高于全国0.80%的平均水平及临近的陕西、四川等地。分企业规模看，大型企业投入强度较高，为1.28%，其次为中型企业，为0.69%，小型企业仅为0.37%。从企业控股情况来看，国有控股企业投入强度最高，达到1.64%，其次依次为集体控股0.91%，私人控股0.65%，港澳台商控股0.25%，外商控股0.43%，其他0.94%。分产业看，汽车工业最高，达到1.54%，化工医药行业为1.52%，装备制造行业为1.25%，材料行业为0.72%（其中：冶金行业0.91%、建材行业0.47%），消费品行业为0.45%，电子信息行业为0.40%，能源

工业为0.11%（见图2-17、表2-10、图2-18）。

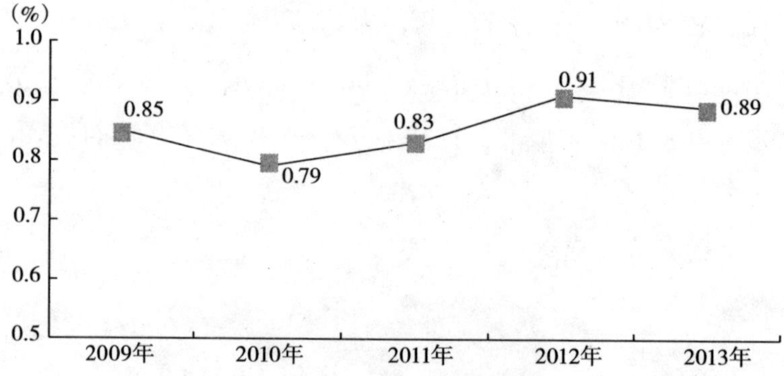

图2-17　重庆市2009—2013年规模以上工业企业研发投入强度变化情况

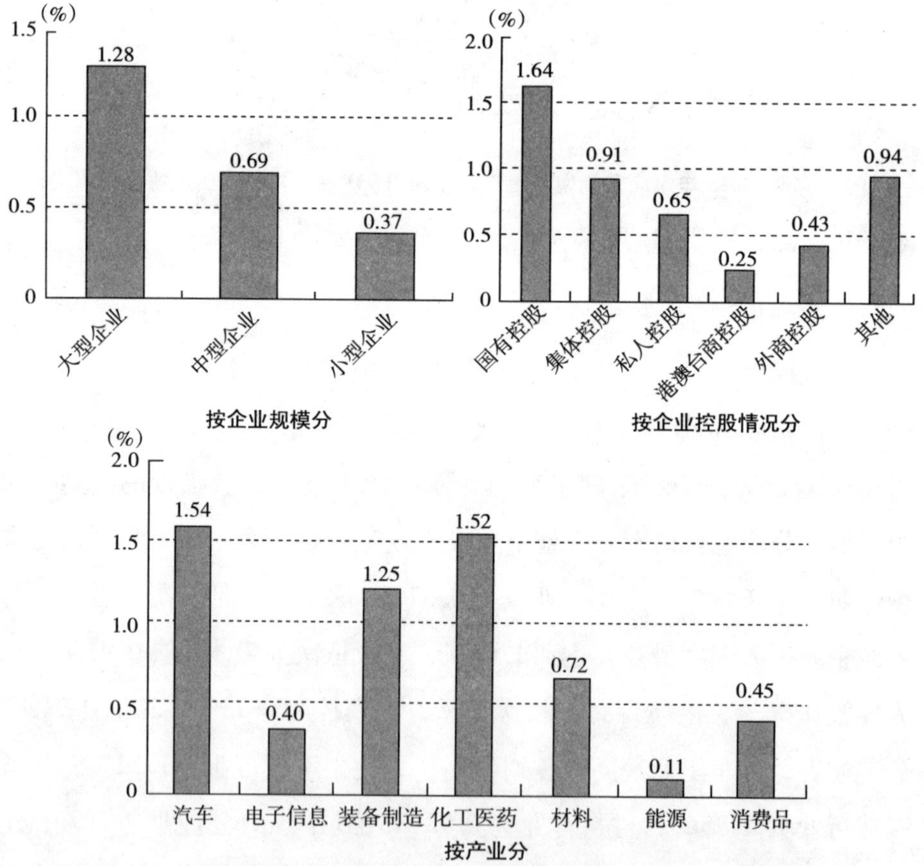

图2-18　重庆市规模以上工业企业2013年R&D研发投入强度情况

表 2－10　2013 年重庆及部分省市规模以上工业企业 R&D 经费内部支出来源情况

地区	R&D 经费内部支出（亿元）	主营业务收入（亿元）	R&D 经费投入占主营业务收入比重（%）
全国	8318. 40	1037289. 35	0. 8
北京	213. 06	18688. 63	1. 14
天津	300. 04	26803. 32	1. 12
上海	404. 78	34273. 60	1. 18
江苏	1239. 57	133471. 32	0. 93
广东	1237. 48	106319. 52	1. 16
四川	168. 89	35767. 78	0. 47
陕西	140. 15	18151. 91	0. 77
重庆	138. 82	15305. 15	0. 89

（4）规模以上工业企业 R&D 产出保持稳定增长，高新技术企业产出效率最高

新产品开发项目数以及经费支出保持稳定增长。2013 年，重庆市新产品开发项目数为 6820 个，比 2009 年增长 2440 个；新产品开发经费支出 143. 86 亿元，比 2009 年增长 87. 7%；实现新产品销售收入 2696. 11 亿元，比 2009 年增长 41. 7%；新产品研发产出比（新产品销售收入/新产品开发经费支出）为 18. 74%，仅低于天津，高于全国平均水平及多数省市。近年来，专利申请数量实现较快增长，2013 年，全市规模以上工业企业共申请专利 12221 件，是 2009 年的 2. 2 倍；其中发明专利 2509 件，是 2009 年的 2. 1 倍，有效发明专利数为 4792 件，是 2009 年的 3 倍（见表 2－11、表 2－12）。

表 2－11　重庆市规模以上工业企业科技产出情况

指标		2009 年	2010 年	2011 年	2012 年	2013 年
新产品开发及生产情况	新产品开发项目数（个）	4380	3790	4612	5693	6820
	新产品开发经费支出（亿元）	76. 66	88. 91	107. 33	126. 61	143. 86
	新产品销售收入（亿元）	1902. 98	2740. 59	3028. 03	2429. 92	2696. 11
	#新产品出口（亿元）	102. 96	127. 53	392. 84	156. 11	134. 47
专利情况	专利申请数（件）	5567	5552	8121	9784	12221
	#发明专利	1217	1445	2089	2460	2509
	有效发明专利数（件）	1584	2174	2532	3714	4792

表 2－12　重庆及部分省市规模以上工业企业新产品开发销售情况（2013 年）

地区	新产品开发经费支出（亿元）	新产品销售收入（亿元）	新产品销售收入/新产品开发经费支出（%）
全国	9246. 74	128460. 69	13. 89
东部地区	6465. 19	90341. 31	13. 97
中部地区	1415. 16	22259. 84	15. 73
西部地区	877. 96	10480. 67	11. 94
东北地区	488. 42	5378. 87	11. 01
北京	293. 19	3672. 77	12. 53
天津	245. 96	5569. 69	22. 64
上海	528. 26	7688. 38	14. 55
江苏	1669. 32	19714. 21	11. 81
广东	1406. 57	18013. 74	12. 81
重庆	143. 86	2696. 11	18. 74
四川	213. 58	2475. 88	11. 59
陕西	179. 98	1015. 48	5. 64

有效发明专利主要集中在大型企业、汽车、装备制造等主要产业以及都市功能区。从企业规模来看，大型企业占比最大，为 52. 4%；

从企业控股情况来看，私人控股企业占比最大，为51.5%；分产业看，汽车和装备制造业占比相对较大，分别为24.1%和29.5%（见图2－19）。

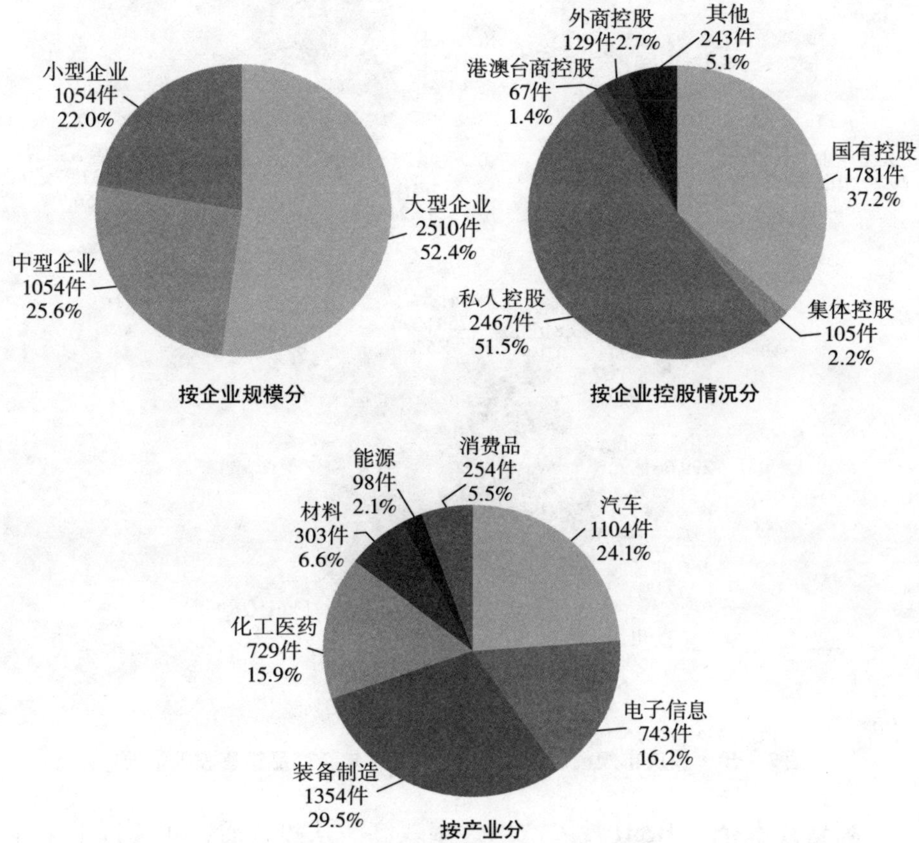

图2－19　2013年重庆市规模以上工业企业有效发明专利数分布情况

规模以上工业企业中，大型企业、国有控股等企业实现新产品销售收入占比较高，汽车和装备制造产业占比较高。从新产品销售收入来看，大型企业占比最大，达到75.3%，国有控股企业占比最大，达到56.9%。分产业看，汽车产业实现新产品销售收入最多，达到1313.61亿元，占比为49.6%；其次为装备制造业，实现466.83亿元，占比为17.6%（见图2－20）。

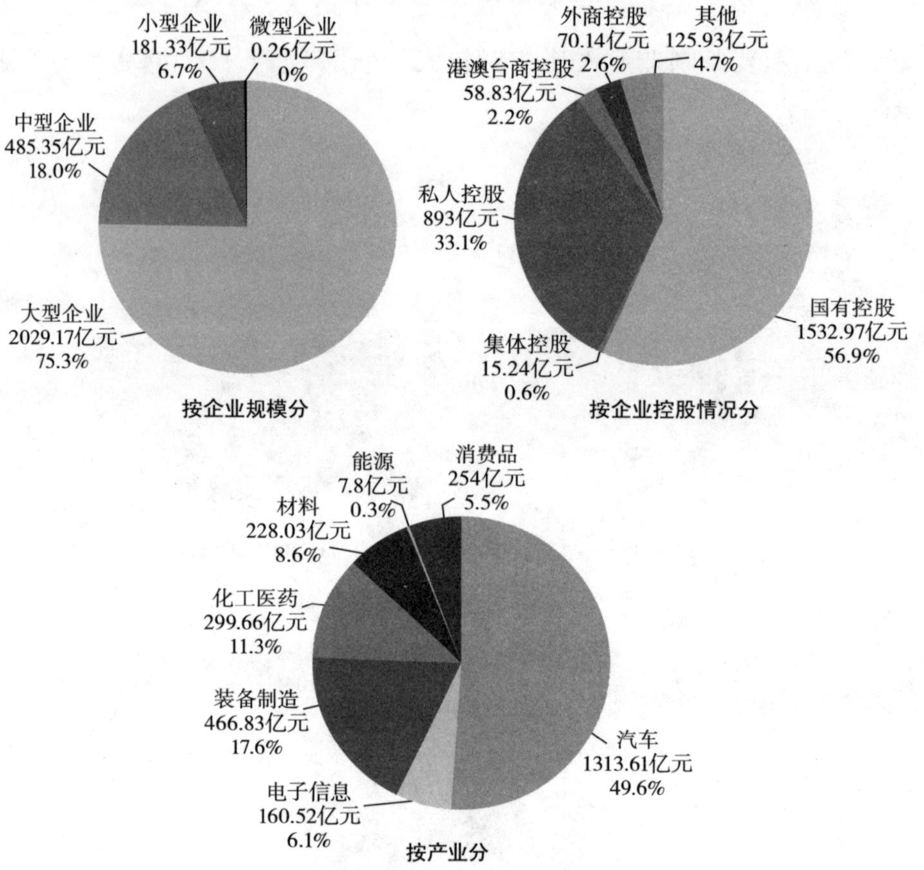

图 2－20　重庆市规模以上工业企业 2013 年新产品销售收入情况

高新技术企业 R&D 投入产出效率较高。从投入看，规模以上工业中，高新技术企业 R&D 投入 71.05 亿元，占 51.2%；研发投入强度达到 2.56%。从产出看，高新技术企业拥有的有效发明专利数占全市的 71.5%；实现新产品销售收入 1135.96 亿元，占全市的 42.1%。

3. 高等学校 R&D 投入现状评价

2013 年，重庆市高等院校共 70 所，其中，普通高校 63 所（含教育部直属 2 所），军校 3 所，成人高校 4 所。全市高校拥有国家级重点实验室等 R&D 机构 295 个[①]。全市高校共有 R&D 人员 17245 人，其中，研究人员 14089 人。

（1）高等院校 R&D 经费投入逐年增高，投入规模处于全国中等水平

“十一五”以来，随着重庆长江上游科技创新中心的建设，全市高校 R&D 投入除 2009 年金融危机期间呈负增长以外，其余时间均保持稳步增长态势。

从规模上看，2013 年全市高校 R&D 经费投入 17.53 亿元，位居全国第 16 位；投入总额占西部高等院校 R&D 经费支出总额的 13%，处于西部第 3 位，次于陕西省和四川省。

从增长趋势看，2006—2013 年，全市高校 R&D 经费投入年均增速为 21%；增长波动趋势与全国平均水平及北京、上海、天津等重点省市类似[②]，在金融危机时期处于下滑态势，其余年份总体上处于增长状态（见图 2－21、图 2－22）。

从学科看，全市理工农医类高校 R&D 经费投入大大高于社会人文类。2013 年，全市理工农医类高校研发投入 14.6 亿元，是社会人文类研发投入的 5 倍。

（2）高等院校 R&D 经费投入主要依靠政府和企业

由于重庆多数高校具有公益性质，具有财政为主、自筹为辅的特点，重庆高等院校研发资金来源结构也表现为与全国一样的结构特征，主要以承担政府科研项目和事业拨款，以及接受企业委托投入的

① 2005—2013 年，重庆高等院校 R&D 机构数量从 127 个增长到 295 个，增长了 132%；同期全国高等院校 R&D 机构数量从 3936 个增长到 9842 个，增长了 151%。其中，国家级重点实验室 5 个，国家级工程（技术）研究中心 5 家，国家地方共建实验室 7 个，国家地方联合工程研究中心 2 家，教育部重点实验室 23 家，教育部工程研究中心 11 家。

② 根据研究需要，选取的重点省市为：北京、上海、天津、江苏、广东、陕西、四川。

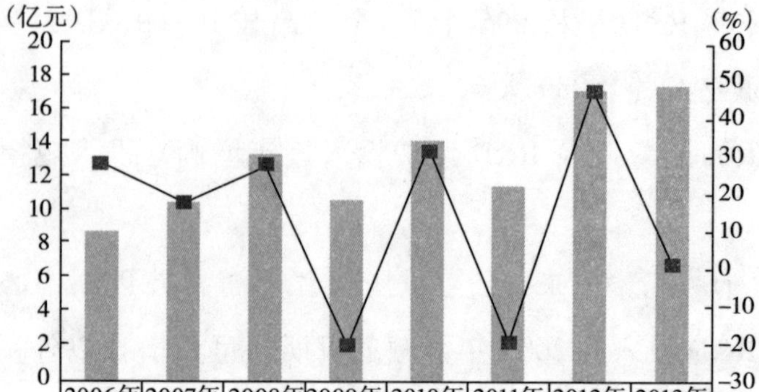

	2006年	2007年	2008年	2009年	2010年	2011年	2012年	2013年
高校R&D投入	9.00	10.65	13.63	10.79	14.34	11.62	17.23	17.53
增速	28.57	18.33	27.98	-20.84	32.90	-18.97	48.28	17.74

图 2-21　2006—2013 年重庆高等院校 R&D 经费投入及增速

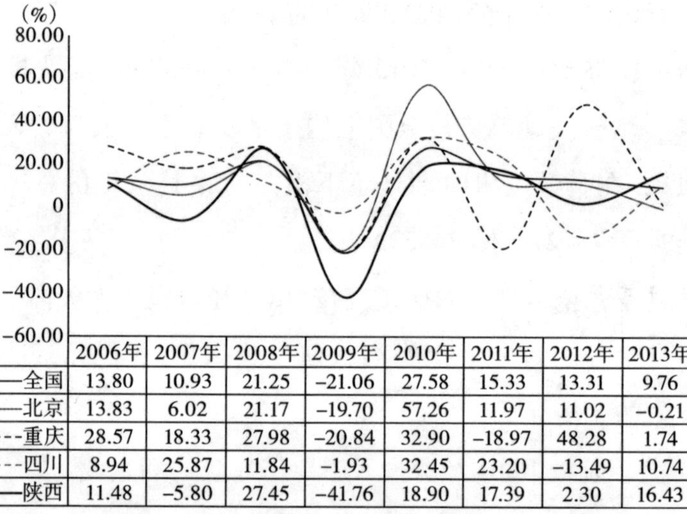

	2006年	2007年	2008年	2009年	2010年	2011年	2012年	2013年
全国	13.80	10.93	21.25	-21.06	27.58	15.33	13.31	9.76
北京	13.83	6.02	21.17	-19.70	57.26	11.97	11.02	-0.21
重庆	28.57	18.33	27.98	-20.84	32.90	-18.97	48.28	1.74
四川	8.94	25.87	11.84	-1.93	32.45	23.20	-13.49	10.74
陕西	11.48	-5.80	27.45	-41.76	18.90	17.39	2.30	16.43

图 2-22　2006—2013 年全国及重点城市高等院校 R&D 经费投入增速

方式作为 R&D 经费来源。2013 年，高等院校研发资金来自政府投入和企业投入的占比共计 88.48%。由于全市高校近年来产学研步伐加快，接受企业和其他渠道的研发资金越来越多（见图 2-23）。

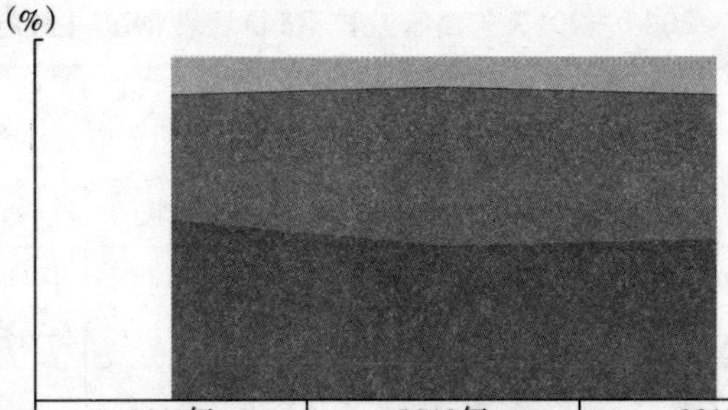

	2011年	2012年	2013年
■其他资金	10.92	8.88	11.05
■国外资金	0.43	0.38	0.46
■企业资金	36.06	45.79	41.70
■政府资金	52.58	44.98	46.78

图 2－23　2011—2013 年重庆市高等院校 R&D 经费投入情况（按资金来源分）

一是全市高校 R&D 经费中政府资金占比逐渐降低。2011—2013 年，高校 R&D 经费来源中政府资金一直处于 45%～55% 区间，其比重总体上处于下降趋势。

二是政府占重庆市高等院校 R&D 经费投入比重相对较低。2013 年，全市高校 R&D 经费中政府投入占比 47%，其比重低于全国平均水平及北京、上海、广东、江苏等发达地区，近 3 年来政府资金平均占比仅高于四川（见表 2－13）。政府资金投入中，重庆高等学校地方政府投入稍大于中央政府投入，其比例为 1. 15∶1；企业投资资金中，中央企业投入大于地方企业投入，其比例为 1. 3∶1。

三是企业占重庆市高等院校 R&D 经费投入比重较高。2013 年，重庆高校 R&D 经费企业资金占比为 41. 7%，仅低于四川省同期的 51. 87% 和天津市同期的 43. 84%，高于全国平均水平和其他重点省市（见表 2－14）。

表2-13　2011—2013年高等院校R&D经费情况（政府资金占比）

地区	全国平均值	北京	上海	天津	重庆	江苏	广东	四川	陕西
2011年	58.81%	66.32%	62.48%	55.93%	52.58%	50.22%	68.52%	37.82%	60.10%
2012年	60.73%	67.88%	64.68%	52.50%	44.98%	53.38%	70.69%	42.64%	62.51%
2013年	60.33%	67.71%	64.27%	48.27%	46.78%	53.01%	65.15%	42.37%	63.21%
近3年平均值	59.96%	67.30%	63.81%	52.24%	48.11%	52.20%	68.12%	40.95%	61.94%
占比排名	5	2	3	6	8	7	1	9	4

表2-14　2011—2013年高等院校R&D经费情况（企业资金占比）

地区	全国平均值	北京	上海	天津	重庆	江苏	广东	四川	陕西
2011年	35.26%	28.75%	33.32%	38.43%	36.06%	45.23%	23.35%	57.86%	34.71%
2012年	33.37%	27.60%	31.44%	40.70%	45.79%	40.81%	21.68%	51.94%	33.93%
2013年	33.77%	29.11%	31.75%	43.84%	41.70%	40.62%	26.55%	51.87%	33.38%
近3年平均值	34.13%	28.49%	32.17%	40.99%	41.18%	42.22%	23.86%	53.89%	34.01%
占比排名	5	8	7	4	3	2	9	1	6

（3）高校R&D经费主要用于应用研究和基础研究

高等院校科研活动主要是为实际应用目的而获得新知识而进行的创造性研究，重庆市高等院校R&D活动在活动类型方面呈现与全国一样的结构，主要支出用于应用研究，其次是基础研究。2009—2013年，重庆市高校R&D经费支出用于应用研究、基础研究、试验研究的占比分别约为43.51%、33.88%、22.61%。2013年，全市高等院校R&D经费用于应用研究的占比最大，经费为79755万元，占45.52%，低于全国6个百分点；基础研究的占比次之，经费为59322万元，占33.83%，低于全国2个百分点；试验发展占比较小，经费为36223万元，占20.66%，但高于全国8个百分点（见图2-24）。

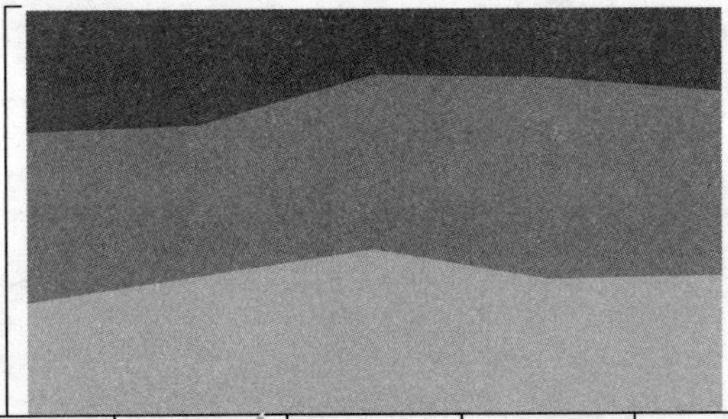

	2009年	2010年	2011年	2012年	2013年
■试验发展	30.24%	28.65%	16.33%	17.17%	20.66%
■应用研究	42.08%	37.31%	42.94%	49.68%	45.52%
■基础研究	27.71%	34.03%	40.71%	33.14%	33.83%

图 2－24　2009—2013 重庆市高等院校 R&D 投入情况（按资金来源分）

（4）理工农医类高校和地方高校是主要执行主体

理工农医类高等院校研发投入大大高于社会人文类高等院校。理工农医类高校学科设置以自然学科为主，历来是科研资源投入的重点领域。2013 年，全国理工农医类高等院校研发投入与社会人文类研发投入的比例为 8∶1，重庆理工农医类高等院校研发投入与社会人文类研发投入的比例为 5∶1。全市高等院校 R&D 经费投入用在理工农医类学科的经费为 146000 万元，占 83.28%，比重低于全国 5.7 个百分点，平均每所高等院校 R&D 经费支出为 3743.59 万元，约为全国平均值的 50.2%。社会人文类学科的经费为 29320 万元，约占 16.72%，平均每所高等院校 R&D 经费支出为 610.83 万元，约为全国平均值的 71.1%（见表 2－15）。

表 2－15　2013 年高等院校 R&D 经费内部支出情况（按学科类型分重庆与全国对比）

地区	学校数目（个）		内部支出费用（万元）		平均每所高等院校的经费（万元）	
	理工农医	社会人文	理工农医	社会人文	理工农医	社会人文
全国	1285	1150	7979300	987839	7457.29	858.99
重庆	39	48	146000	29320	3743.59	610.83

数据来源：《中国科技统计年鉴》（2014）。

（5）高校 R&D 产出大幅提高，专利产出高于全国平均水平

经过“十一五”“十二五”期间的各项 R&D 资源投入，重庆市高等院校各项科技产出均有很大程度的提高。2006—2013 年，重庆市高等院校专利申请量和专利授权量保持一定的增长速度。专利申请量从 478 件增长到 3493 件，增长了约 7.3 倍，年均增长速度为 32%；专利授权量从 207 件增长到 2105 件，增长了约 10.1 倍，年均增长速度为 39%。高等院校专利产出高于全国平均水平。2006—2013 年，全国高等院校专利申请量占全社会专利申请量的平均占比为 3.63%，重庆为 7.73%，高于全国 4.1 个百分点；全国高等院校专利授权量占全社会专利授权量的平均占比为 2.45%，重庆为 6.55%，高于全国 4.1 个百分点。

4. 科研院所 R&D 投入现状评价

2014 年，全市主要市属以上独立科研院所（含中央在渝院所）57 家，其中中央在渝 9 家、市属 48 家。48 家市属科研院所中公益类院所 28 家，转（改）制类院所 20 家。参与 R&D 的中央属、地方属科研院所分别从 2006 年的 5 家、22 家增加至 2013 年的 7 家、24 家。

（1）科研院所 R&D 经费支出增长较快

2006 年以来，重庆科研院所研究与开发经费总体实现较快增长。2013 年重庆科研院所 R&D 经费内部支出达到 12.78 亿元，比 2006 年增长 127.3%。从内部来看，重庆科研院所 R&D 经费增长主要由中央属科研院所经费增长支撑。除 2007 年、2008 年之外，中央属科研院所研发经费支出额都明显超过地方属科研院所。2006—2013 年，中央属科研院所研发经费支出 8 年累计 50.253 亿元，是地方属科研院所的 1.515 倍（见图 2－25）。

（2）科研院所 R&D 经费来源主要依靠政府

科研院所主要通过承担政府科研项目和事业拨款的方式获得经

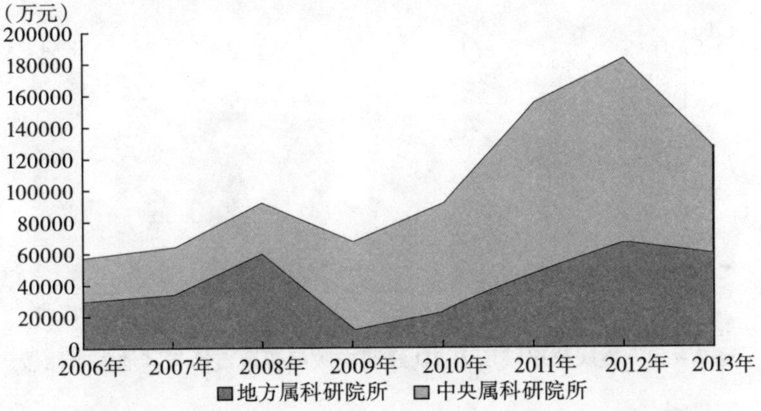

图 2－25　重庆不同类型科研院所 R&D 经费支出比较

费，政府资金在科研院所 R&D 经费内部结构中的占比一直保持较高水平，企业和国外渠道的资金占比较小。2013 年，科研院所资金来源中政府资金为 8. 92 亿元，占比为 69. 77%，但与北京、上海、陕西等省市近 90% 的占比相比，重庆科研院所政府资金的占比较小。科研院所资金来源以政府为主决定了其服务对象主要是政府，其目标也是完成政府的科研任务，而缺乏面向市场解决实际问题的动力和压力。近年来，重庆部分科研院所通过转（改）制，适应市场的能力有所提高（见图 2－26、图 2－27）。

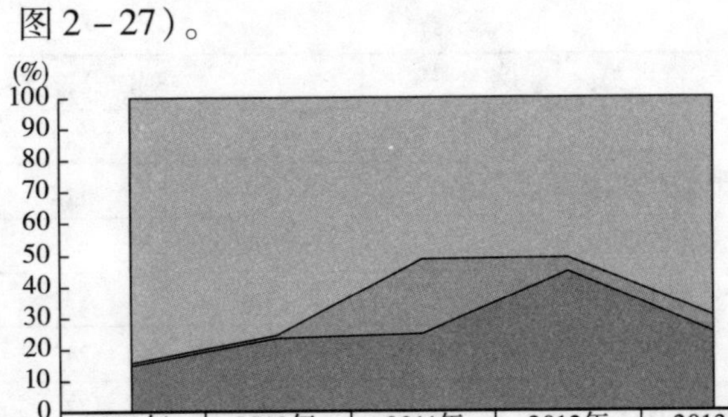

	2009年	2010年	2011年	2012年	2013年
政府资金	84.26	75.86	51.59	51.19	69.77
企业资金	0.86	1.33	24.36	5.71	5.48
国外资金	0.07	0.06	0.05	0.11	0.17
其他资金	14.80	22.75	24.01	42.99	24.58

图 2－26　重庆科研院所 R&D 经费来源结构

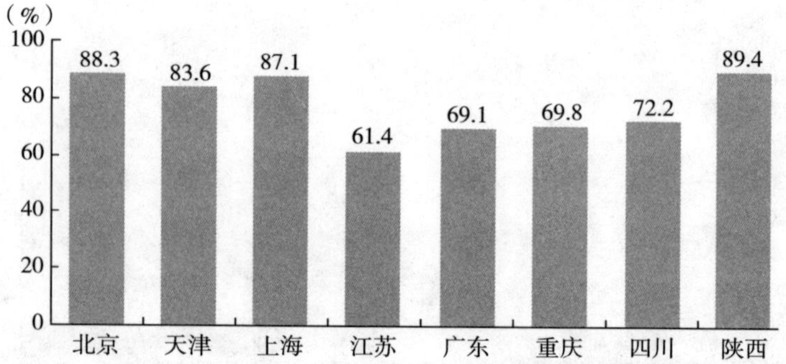

图 2－27　重庆科研院所 R&D 经费中政府资金占比与其他省市比较

（3）市属公益类科研院所 R&D 项目和经费占主导

随着政府优先支持产学研合作申报课题，重庆科研院所与企业、高校的合作力度不断加大，获得横向课题项目数量日益增多。2014 年重庆科研院所参与市级以上项目 4220 项，其中纵向项目、横向项目各占 30% 和 70%，但纵向项目经费总额比横向项目经费总额多 20%，纵向经费的 70.9% 由中央属科研机构获得。在市属科研院所中，公益类院所、转（改）制类院所项目数量各占 51.1% 和 48.9%，项目经费各占 72.8%、27.2%，市属公益类科研院所 R&D 项目和经费占主导（见表 2－16）。

表 2－16　2014 年中央在渝院所与市属科研院所科研项目对比

单位：项

指标		9 家中央在渝科研院所	48 家市属科研院所		
			48 家	#公益类	#转（改）制类
纵向项目	国家级项目	286	120	112	8
	省市级项目	125	730	686	44
横向项目	技术服务	558	1914	532	1382
	技术开发	136	309	247	62
	技术转让	16	26	7	19
纵向项目经费（万元）	国家级	48147.85	6775.51	5276.85	1498.66
	省市级	11243.03	17580	15796.48	1783.52

续表

指标		9 家中央在渝科研院所	48 家市属科研院所		
			48 家	#公益类	#转（改）制类
横向项目经费（万元）	技术服务	36051.86	24103.5	16612.35	7491.15
	技术开发	10262.04	4450.51	1887.36	2563.15
	技术转让	3000.35	2783	960	1823

地方属科研机构中重庆获得项目数量居中。从八省市全部科研院所获得课题数量来看，由于中央在渝科研院所较少，重庆科研院所获得课题总数最少，仅为 1217 项；但就地方属科研机构相比，重庆地方属科研机构课题数量列第五位，与北京、上海差距不大，比天津、陕西、四川多，表明重庆地方属科研机构实力在西部相对较强（见图 2－28）。

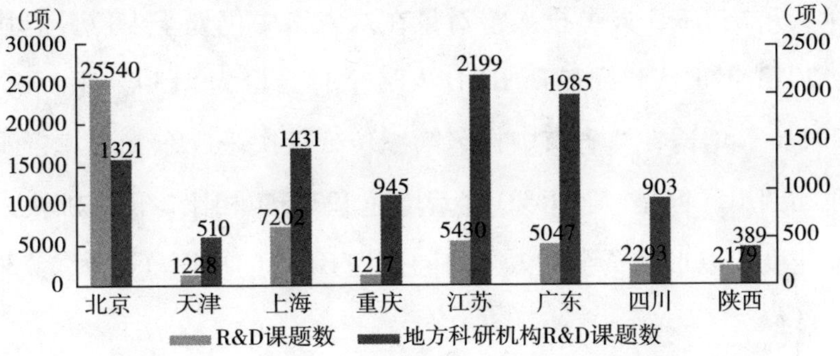

图 2－28　重庆科研院所 R&D 课题数与其他省市比较

（4）科研院所 R&D 经费主要用于应用研究和试验发展

科研院所是创新价值链中的重要一环。从重庆科研院所 R&D 经费支出情况看，应用研究一直占比最大，试验发展占比逐年提高，而用于基础研究的经费占比逐年降低。2013 年，重庆科研院所 R&D 经费内部支出 12.78 亿元，用于基础研究、应用研究和试验发展的占比分别为 7.24%、44.65%、48.11%。可以看出，重庆科研院所经费主要用于应用研究和试验发展，符合科研院所在创新链中的定位和分工（见图 2－29）。

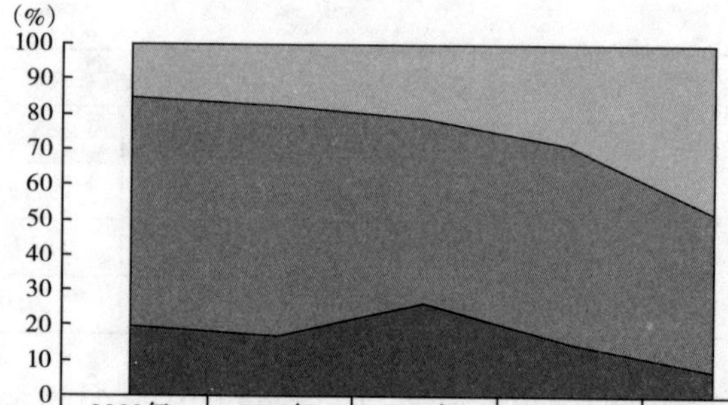

	2009年	2010年	2011年	2012年	2013年
试验发展	15.39	17.44	21.11	28.59	48.11
应用研究	65.03	65.42	52.56	55.95	44.65
基础研究	19.58	17.14	26.34	15.46	7.24

图 2-29　重庆科研院所 R&D 经费支出结构

(5）科研院所 R&D 人员全时当量投入增加明显

尽管重庆 R&D 人员投入绝对量在八省市中仍处于末位，但其增长较快。2013 年重庆科研院所 R&D 人员全时当量为 5139，比 2006 年增加 89.91%，增速在八省市中排名第三位，仅次于广东和天津，明显快于陕西和四川。但是，与 R&D 经费增速 127.3% 相比，仍需加快人员投入增长速度，以形成资金和人才协同推进 R&D 的局面（见图 2-30)。

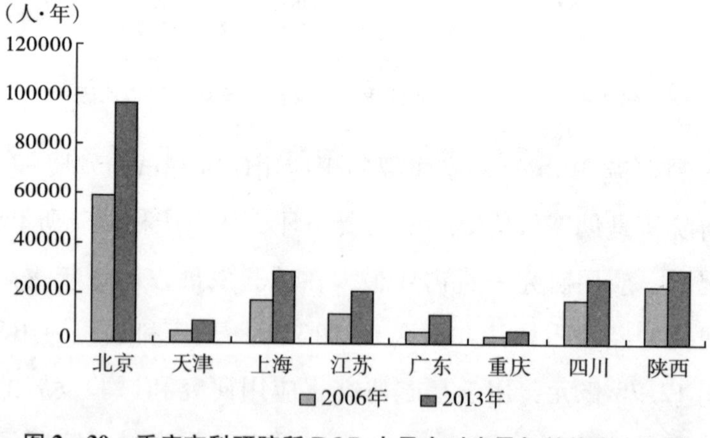

图 2-30　重庆市科研院所 R&D 人员全时当量与其他省市比较

（6）科研院所 R&D 投入产出效果总体较好

重庆科研院所 R&D 成果较多、转化效益较好。2014 年重庆获得授权专利 686 项，发表 SCI/EI 论文 699 篇，组织、参与制定标准 235 项，研发新产品 43 项，注册商标 44 个，获得市级以上科技奖励 209 项。与 2013 年相比，发表论文与出版专著数、参与市级以上标准制定、新产品获批数和成果转化项数都有所增长。成果转化效益增长明显。2014 年市属院所的销售收入及当年毛利润分别达到 222.44 亿元和 3923 万元，比 2013 年分别增加 4.51%、6.25%，科研院所面向市场服务的能力正在不断提高。

重庆科研院所投入产出效益在八省市中排名前列。按照全部科研院所比较，重庆每亿元投入发表论文和专利申请数排第 2 位，每亿元投入出版科技著作数量排第 3 位；单就地方科研院所比较，重庆每亿元投入发表论文和出版科技著作数量排第 7 位，每亿元投入专利申请数排第 4 位。表明中央在渝科研院所的科技产出能力更强，对全市科研院所产出效益在全国排名靠前起到了重要支撑作用（见图 2－31、图 2－32）。

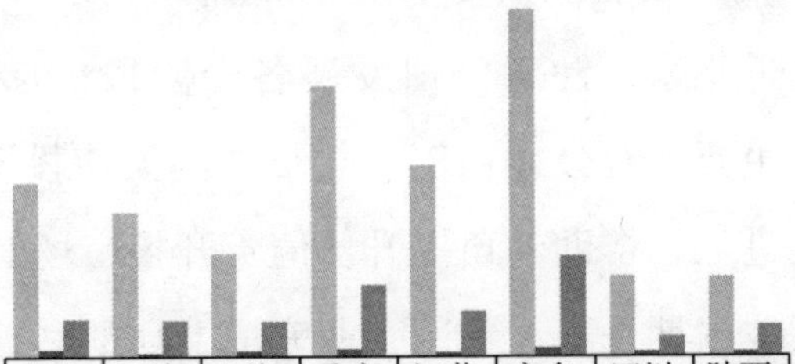

	北京	天津	上海	重庆	江苏	广东	四川	陕西
每亿元投入发表论文数（篇）	86.58	71.45	50.73	134.3	94.94	172.1	39.46	38.99
每亿元投入出版科技著作（种）	3.27	1.51	1.10	3.21	1.68	3.79	0.60	0.57
每亿元投入专利申请数（件）	18.35	17.64	17.16	35.20	22.20	49.42	9.49	15.26

图 2－31 重庆全部科研院所投入产出效果与其他省市比较

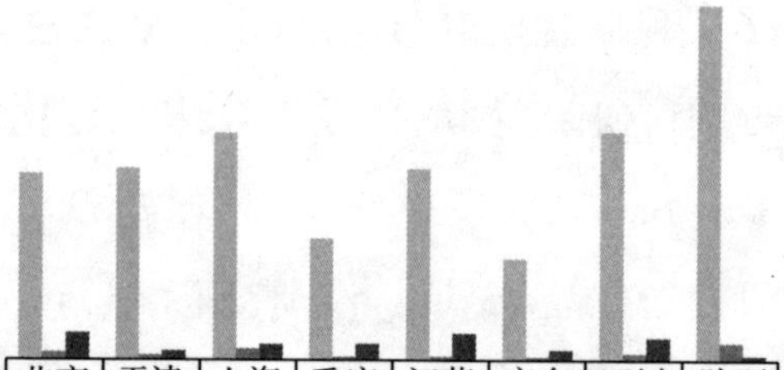

	北京	天津	上海	重庆	江苏	广东	四川	陕西
每亿元投入发表论文数（篇）	350.6	361.2	427.2	229.6	360.7	191.9	430.5	670.6
每亿元投入出版科技著作（种）	14.50	9.63	21.33	6.81	7.47	6.32	13.68	33.22
每亿元投入专利申请数（件）	51.10	17.51	29.84	31.24	50.68	19.80	42.60	9.43

图2－32　重庆地方科研院所投入产出效果与其他省市比较

5. 社会R&D投入现状评价

社会R&D投入主要依靠各种投资基金、资本市场融资和科技金融。当前全市多层次投资基金体系基本形成，创业投资和私募股权行业发展西部领先，同时科技创业风险投资引导基金、产业引导基金等逐步发挥引导社会资金进入高技术产业、创新型企业等的作用。资本市场逐步完善，科技企业融资渠道畅通。科技金融平台逐步完善，各类金融机构对科技金融的支持力度较大。

（1）多层次投资基金体系基本形成

近年来，针对公司发展各个阶段的多层次投资基金体系加快形成。主要针对公司初创、起步期的天使投资逐步活跃。在公司发展中早期进入，帮助公司提升价值、开拓市场的创业投资（VC）和在公司发展成熟期进入、帮助企业完成IPO的私募股权（PE）行业发展已经在西部领先。同时，由政府主导设立的科技创业风险投资引导基金和产业引导基金逐步开始发挥引导社会资金进入高技术产业、创新型企业等的作用。

天使投资逐步活跃。天使投资主要针对的是初创公司以及处于起步期，还没有成熟的商业计划、团队和经营模式的企业，主要是帮助创业者获得启动资金、寻找方向，提供管理、市场、产品等各个方面的指导，提供资金和渠道等。重庆市第一家专业天使投资机构——重庆天使科技投资有限公司成立于2010年1月，主要针对初创期科技型企业及拥有核心技术的科技创业团队进行天使投资。2013年9月，亚盟资本管理集团在渝启动一个全新的天使投融资平台——VCBI资源整合平台；12月，由国内著名天使投资人查立创办的起点创业营正式入驻重庆大渡口，重庆起点创业营是上海之外的首个分营。自2008年至今，重庆地区共披露天使投资案例20余起，投资金额逾6000万元，在西部省市处于优势地位。

创业投资和私募股权行业发展西部领先。创业投资（VC）主要在公司发展中早期进入，这时企业有了比较成熟的商业计划、经营模式，VC主要起到为公司提升价值、进一步开拓市场等作用；私募股权（PE）主要在公司发展成熟期进入，此时公司已经有了上市的基础，达到PE要求的收入或者盈利，PE提供必要的资金和经验帮助企业完成IPO所需要的重组架构，提供上市融资前所需要的资金。截至2014年年底，总部位于重庆市或在重庆设有办公室的VC/PE机构共有275家，管理资金总额超过866亿元；注册于重庆地区、募资完成（含首轮完成）VC/PE基金共102只，完成资金募集703.04亿元。横向比较来看，重庆VC/PE市场基金募资完成数量仅为全国的4.7%，募集完成规模为全国的5.4%，与发达地区存在一定差距，但走在西部地区前列，募资完成数量和完成规模均远高于四川和陕西（见表2－17）。

表2－17　2009—2014年全国和重庆VC/PE市场基金募资完成情况比较

年份	募集完成数量（只）				募集完成规模（亿元）			
	中国	重庆	四川	陕西	中国	重庆	四川	陕西
2009	316	7	5	3	1225.35	65.34	24.91	8.53

续表

年份	募集完成数量（只）				募集完成规模（亿元）			
	中国	重庆	四川	陕西	中国	重庆	四川	陕西
2010	455	12	10	8	2599. 87	68. 64	120. 64	16. 30
2011	503	34	15	7	3195. 84	298. 99	21. 60	28. 49
2012	283	17	13	8	2114. 29	127. 24	62. 30	84. 68
2013	245	22	12	4	1500. 93	92. 02	9. 85	18. 50
2014	360	10	7	4	2481. 60	52. 81	38. 12	33. 10
合计	2162	102	62	34	13117. 88	703. 04	277. 42	189. 6

主导的引导基金逐步发挥作用。科技创业风险投资引导基金取得成效。科技创业风险投资引导基金由重庆科技创业风险投资引导基金有限公司营运管理，致力于引导社会资本共同组建创投基金，扶持科技型中小企业快速发展，推动重庆科技创新创业发展。公司目前已与IDG资本、软银中国、德同资本等知名机构联合组建了15只创投基金，总规模达89亿元，同时携手创投基金为被投企业提供增值服务，已推动博腾制药、格林绿化等8家企业进入包括新三板在内的多层次资本市场。公司连续五年获得中国有限合伙人联盟（CLPA）授予的“政府引导基金管理团队十强”称号，2013年、2014年获得投中集团授予的“中国最佳政府引导基金Top10”称号，2012年、2013年获得中国投资协会授予的“中国优秀股权和创业投资奖”。

产业引导基金正式设立。2014年5月13日重庆正式成立了重庆产业引导股权投资基金有限责任公司（简称“引导基金”），受托管理首期25亿元，主要投向工业、农业、科技、现代服务业、文化和旅游产业，目的是为了撬动民间资金投入到高新技术产业，共同引导六大产业走向高端。2014年8月，重庆产业引导股权投资基金有限责任公司与来自中外的首批共16家合作基金管理人签约，计划合作设立基金规模达到155.5亿元人民币。

（2）资本市场

科技企业融资渠道逐步增多。近年来，新三板、IPO、发行公司债、集合债等融资渠道畅通，互联网金融模式快速发展，科技型企业融资环境改善。其中，新三板主要是为规模较小、成长较快的非上市股份公司提供股权转让和融资的平台。截至目前，已在新三板挂牌的重庆企业已经达到24家，但在全国2343家的数量中仅占到1%。全市企业在资本市场融资的方式仍然主要是通过IPO，截至2014年，在境内上市的渝企共40家，其中国有企业23家，民营企业17家，以制造业和医药企业为主。同时，IPO是重庆VC/PE市场退出的主要方式，2009—2014年共披露退出案例45起，其中有24起是通过IPO退出的。横向比较来看，重庆VC/PE退出活跃度不及四川省，但退出账面回报相对较高（见表2－18、图2－33）。

表2－18　2009—2014年重庆、四川、陕西VC/PE市场退出方式对比

退出方式	退出数量		
	重庆	四川	陕西
IPO（含境内外）	24	37	17
M&A（并购）	21	33	23
Trade Sale（同业转售）	0	3	2
Liquidation（清算）	0	0	3
总计	45	73	45

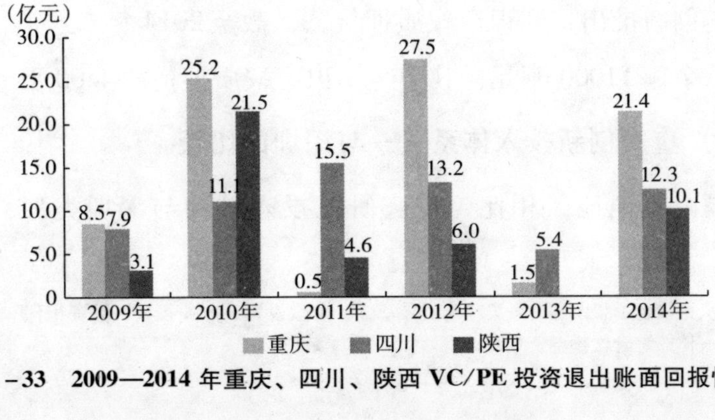

图2－33　2009—2014年重庆、四川、陕西VC/PE投资退出账面回报情况

(3) 科技金融

重庆科技金融集团运营良好。为了更好地整合资源支撑科技企业发展，2014年正式组建“重庆科技金融集团”①，致力于为科技型中小微企业提供“投、保、贷、补、扶”全方位的科技金融服务。目前，集团已累计为217家科技企业投资约14亿元，支持15家科技企业上市或进入多层次资本市场；组建了15只总规模为89亿元的专业投资基金，推进全市形成创业投资规模近200亿元；为200余家企业提供了13亿元的融资担保；为3000余家创新型中小微企业提供了科技金融服务。

金融机构支持力度较大。重庆市内各大银行为科技型企业、VC、PE提供了较大的金融支持。重庆银行大力发展小微金融业务，小微贷款投放最多的板块个人经营性贷款大部分是创业类贷款，有力地支持了“大众创业”。浦发银行重庆分行做大做强股权基金综合金融服务业务，为PE产业链上的相关实体经济提供全面的综合金融服务，与私募股权基金合作共同提升被投资企业的综合价值。汉口银行重庆支行在重庆银行业界首次设立科技金融服务中心，2014年汉口银行重庆科技金融服务平台正式启动运行，联合各类金融服务机构，为科技型企业提供“股权+债权，引资+引智”的全方位科技金融综合服务。目前，已有知识产权局、重庆科技金融集团等11类、28家机构加盟该平台。重庆三峡银行北部新区支行是重庆三峡银行唯一一家特色科技支行，创新推出了知识产权质押贷款，截至2014年末，该行科技型企业贷款余额11000万元，其中纯知识产权质押贷款4400万元。

(三) 重庆创新投入体系——与深圳的比较

与国内其他地区相比，重庆研发投入结构与深圳类似，都表现

① 重庆科技金融集团是一个集政府引导基金、风险投资、产业投资、融资担保、经营租赁和创投服务于一体的综合性投融资集团。

为企业是创新主体，全社会研发投入、研发平台、研发人员、创新成果产出来自企业的占比都较高。相对而言，重庆市在发挥政府科技资金引导作用、政府科技投入保障机制、创新人才流动及激励机制、科技资源共享等方面相对落后或灵活性不够，需要尽快改善和提高。为此，应借鉴深圳等地的经验，从加快完善以企业为主的技术创新体系、优化研发投入结构、加大研发资金投入、优化研发生态环境、加大研发人员投入等方面着手，提升重庆研发投入水平（见表2－19）。

表2－19 重庆市与深圳市创新投入体系比较

类别	深圳市	重庆市
企业创新主体投入	2013年总体情况： 1. 90%的研发人员、研发机构、科研投入和专利产出来自企业 2. 60%的创新载体和创新平台布局在企业 3. 企业推动建立了39个产学研联盟	2013年总体情况： 1. 64%的研发人员、75%的研发机构、82%的研发投入和57%的专利申请来自企业 2. 企业推动建立的产学研联盟个数很少
研发投入结构	1. 政府科技投入的80%投向企业 2. 2014年财政科技投入用于基础研究的经费占比已达11% 3. 建立竞争性经费与稳定支持经费相协调的投入机制，对重点单位连续5年稳定支持，以培养基础科学优势学科和自主核心关键技术企业	1. 政府科技投入的25%投向企业 2. 2014年全社会研发投入中用于基础研究的经费占比为3.9%
政府科技投入保障	1. 规定财政科技投入增幅要高于财政经常性收入增幅 2. 完善项目管理制度，实施科技经费监管银行管理制；实现科技项目计划专员终身责任制和专家评审评估决策参考制 3. 创新投入方式，改变了以往单一的无偿资助模式，探索贴息补助、保费资助、引导天使投资、股权有偿资助等事前与事后相结合的财政科技投入机制	1. 财政科技投入不足。2013年重庆R&D经费支出来自政府的资金24.1亿元，仅为北京、上海、陕西、四川的3.5%、9.8%、12.6%、15.8% 2. 财政科技资金涉及市发改委、市经信委、市国资委、市教委、市科委等部门，缺乏资金、项目统筹，一些研究领域空白与重复建设并存，没有很好地与企业需求对接，财政科技经费使用效率不高

续表

类别	深圳市	重庆市
创新人才投入	1. 实施“孔雀计划”和高层次人才队伍建设，建立引才目录 2. 鼓励科研人才与企业人才双向流动，中科院深圳研究院员工年流动率为11%～18% 3. 支持科研机构与高校联合或自行培育人才，鼓励35岁以下优秀科技人才主持科研项目 4. 建立科研能力和成果导向的人才评价标准、科技成果转化股权期权、保护知识产权等丰富的激励机制	1. 全市实力较强的高等院校和国家级科研院所较少，集聚高层次人才能力较弱。2013年，全市R&D人员数量为8.37万人，在全国排名第18位 2. 高校、科研院所的科研考核评价方面，常常强调主要贡献人的作用，鼓励单兵作战，忽略了团队合作，难以激发全员创新活力 3. R&D人员流动不足，尤其是通过合作交流进入重庆市的R&D人员不多
研发生态环境	1. 完善服务型政府管理机制。先后出台了《科技创新促进条例》《技术转移促进条例》等地方性法规和无形资产评估、技术入股和分红等制度规范。制定了自主创新“33条”，以及实施创新驱动发展的“1+10”等文件 2. 对不同创新主体探索不同的管理模式，如中科院深圳研究院实现理事会领导下的原则负责制和全员聘用制，打破传统事业单位管理模式 3. 注重部门联动，协同创新，搭建科技创新资源共享平台	1. 出台了《加快实施创新驱动发展战略行动计划》《重庆市科学技术投入条例（修订草案）》等文件和规章制度，将对全市科技投入来源、投入管理、投入激励措施进行规范 2. 部分激励政策还不完善或落实不到位。如无行业的科技奖励基金，新产品增值税返还、研发费用加计扣除等激励企业激励研发投入的政策覆盖范围小，激励政策如股权分红激励等落实不到位

（四）存在的问题

全社会各主体开展研发投入活动主要包括三个方面：一是主体内部自身开展的研发投入，二是通过技术购买开展的研发投入，三是与其他主体合作研发开展的投入。目前来看，无论是社会各主体自身还是外部生态环境都存在一定问题，制约了全社会研发投入的规模和增长后劲。

1. 以企业为主体的研发创新体系不完善，产学研融合不足

重庆全社会R&D投入总量和强度不足，在全国仅处于中游位置，

与发达国家相比更存在较大差距。2013 年，重庆全社会 R&D 投入完成176.5 亿元，位居全国第 17 位、西部第 3 位，与北京（1185 亿元）、上海（776.8 亿元）、天津（428.1 亿元）以及四川（399.9 亿元）、陕西（342.7 亿元）均存在较大差距。由于研发投入总量小，重庆 R&D 投入占 GDP 比重仅为 1.39%，在全国居第 14 位，远低于北京（6.98%）、上海（3.6%）、天津（2.98%）、陕西（2.14%）的水平。

究其根本原因，一方面是因为以企业为主体的研发创新体系不完善，企业投入强度不高且有研发活动的企业数量少，大院大所和知名学府等高端创新资源严重缺乏，尤其是政府 R&D 资金占比偏低，风险投资对企业研发的促进作用发挥不足；另一方面产学研各方主体仍处于分离状态，呈现三个封闭的子系统，融合不足，削弱了全社会的创新速度和创新效率，制约了创新投入的增长。

（1）创新型企业集群发展不足，企业作为创新主体的竞争力还不强

重庆研发投入结构与江苏、广东、山东、浙江类似，是典型的以企业为主导的研发创新结构，企业尤其是工业企业研发投入占全社会研发投入的比重在 80% 左右。但受重庆长期地处内陆的地理区位和传统的重化工业产业结构制约，一方面对外开放不够，招商引资难度大，规模较大的内外资行业领军和骨干企业集聚不足；另一方面招商引资过程中对企业生产线建设、经营保障及产值增长关注较多，相关政策没有更多地关注研发经费投入，科技型企业发展不足。此外，企业在技术消化吸收再创新的研发经费上的支出不够，研发投入效率不高。全市工业企业总体呈现数量少、有研发机构的企业数量少、有 R&D 活动的企业数量少和企业研发投入总量小的“三少一小”特征，尤其是享有中央财政或企业总部直接拨款的研发企业很少。

2013 年，重庆规模以上工业企业 5559 家、研发投入 138.8 亿元，仅为江苏省的 13% 和 11%（见图 2-34）。其中，有 R&D 活动的工业企业 668 家，有研发机构的工业企业 417 家，分别占全市工业企业的 12% 和 7.5%，这一比重明显低于江苏（25.2%、32.3%）、浙江（27.4%、19.6%），且外资科技型企业、销售额超百亿元的骨干科技型企业占比偏低。此外，企业作为创新主体的竞争力还不强，2013 年工业企业研发投入占主营业务收入的比重仅为 0.89%，其中高新技术企业、大型工业企业占比分别为 2.56%、1.28%，尽管略高于全国平均水平，但与国际上认可的 2% 基本生存、5% 以上才具有竞争力的标准相去甚远。企业研发经费支出较多地集中在技术引进一次性费用上，韩国、日本企业的引进技术和消化吸收费用比例为 1:5 和 1:8，而重庆的这一比例很低。

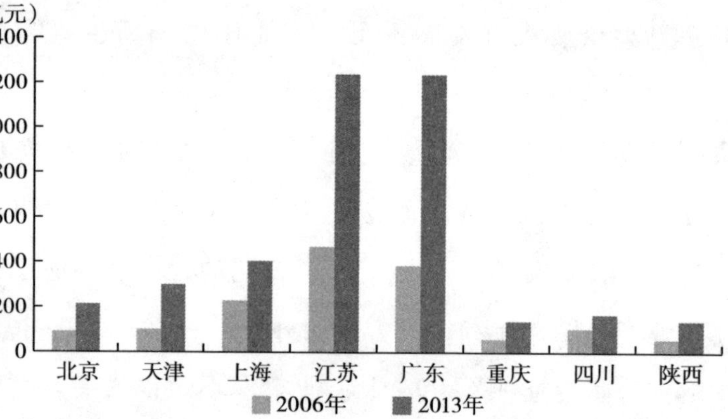

图 2-34　重庆工业企业 R&D 经费支出横向比较

（2）大院大所和知名学府等高端创新资源集聚不够

科研院所和高等学校是全市开展科技研发活动的除企业之外的另外两大主体，受其公益性属性影响，其 R&D 经费主要来源于政府资金，尤其是中央属科研院所、985 和 211 重点高等院校、理工类高等院校获取中央财政资金支持的力度更大。2013 年，科研机构 69.8% 的研发资金和高等院校 46.8% 的研发资金来源于政府。一方面，由于重庆科研院所数量较少，尤其是中央在渝具有法人资格的科研机构数量严重不足，加之重庆拥有的重点高等学校数量不足，创新资源集聚度不高，中央和地方财政投入不高，科研院所和高等学校 R&D 经费支出规模极为有限。另一方面，政府对科研院所和高等学校的日常经费大多以人头费、公用经费等方式拨付，能直接转换为 R&D 经费投入的金额有限。重庆科研院所 R&D 经费支出与全国其他先进地区相比，差距主要在于中央属科研院所，地方属科研院所则差距较小。2013 年，重庆仅有 7 家中央属科研院所，而北京、上海、陕西、江苏、四川等省市则分别达到了 330 家、52 家、37 家、29 家、28 家。与此同时，重点中央隶属高等院校较少，仅有一所 985 院校（重庆大学）和两所 211 院校（重庆大学、西南大学），获得中央财政投入机会较少（见图 2－35、图 2－36）。

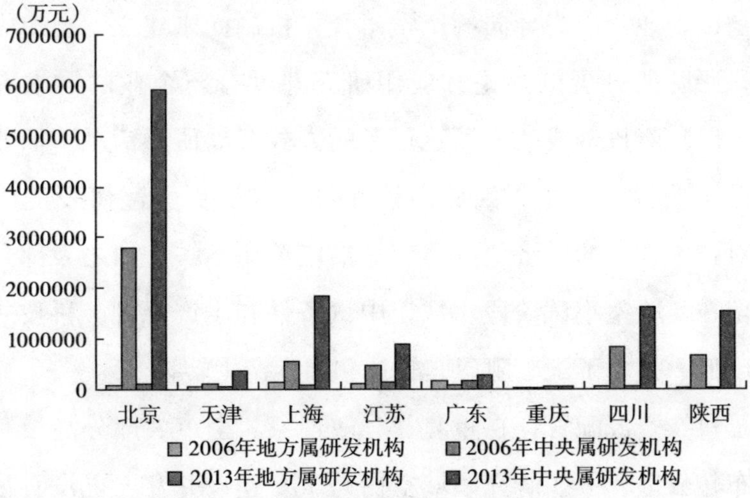

图 2－35　重庆科研院所 R&D 经费支出横向比较

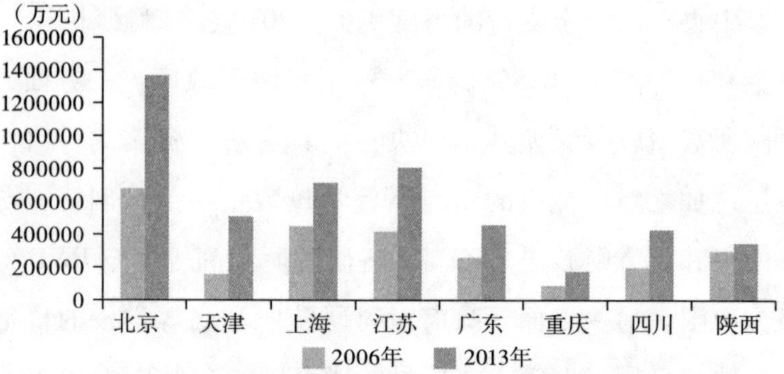

图 2-36 重庆高等学校 R&D 经费支出横向比较

(3) 产学研融合度不高制约研发创新速度

企业、高校、科研机构三大创新主体除了努力提高自身研发水平以外，通过产学研合作更可以有效提高企业外部创新活动的溢出效应，进而提升全社会研发创新速度。然而，目前全市产学研各方主体仍处于分离状态，呈现三个相对封闭的子系统，融合不足，削弱了全社会的创新速度和创新效率，制约了创新投入的增长。

一是以企业需求为导向的产学研合作机制尚未建立。全市大部分高校、科研院所开展的理论和应用研究并没有与企业的需求有机协调，大多以政府投资或政府下达任务的方式开展研发活动，而非发达国家的以企业投资为主，因此高校和科研院所更关注研发的学术意义，而对技术产出的经济效益、市场推广关注不够，加之大部分科研成果停留在实验室小试阶段，缺乏中试条件和生产基础，科技成果本身成熟度低、技术不配套阻碍其转让和向生产力转换。

二是科技资源配置存在重复、分散现象。全市大部分高校和科研机构分布较分散，一些研究领域空白与重复建设并存，也没有很好地与企业形成研发集群。此外，全市专门协调产学研各方的中介机构还较少，功能不完善，更缺乏协调双方合同纠纷的权威性的技术仲裁机构。

三是与产学研用合作相关的激励政策和法律规范不健全。针对技术转移与科技成果转化的产学研用结合创新的法律规范还较为分散，系统性不强，各类合作主体的利益风险分担、知识产权共享等法律体系还不明确。

2. 研发投入领域和结构不尽合理，增长后劲乏力

除了较高的研发投入规模和强度以外，合理的研发投入领域和结构也是一个国家和地区保持持久竞争力的源泉。目前，重庆市自主创新研发投入较少、传统重化工产业研发投入占比大、五大功能区研发投入分布不均衡等，均较大地制约了重庆市研发投入的增长后劲。

（1）基础研究和应用研究研发投入相对不足

R&D 活动主要可以分为三类：基础研究、应用研究和试验发展。基础研究和应用研究在短期内虽然难以产生经济效益，但是从长期看却是一个国家和地区保持持久竞争力的源泉。如果缺少基础研究成果，会导致原创性、自主性知识产权缺乏，难以形成具有国际竞争力的核心技术；如果缺少前期应用研究成果，就会制约后期试验发展取得更好的成效。2012 年，美国的基础研究和应用研究占比分别为 19% 和 17.8%，日本分别为 12.7% 和 22.3%，韩国分别为 18.2% 和 19.9%，而我国 2013 年基础研究与应用研究投入占比分别为 4.7% 和 10.7%，远低于发达国家水平。就重庆而言，2013 年基础研究和应用研究研发投入占比分别为 3.9%、9.1%，在西部 11 个省（区、市）（西藏除外）中分别排在第 10 位和第 8 位，明显低于北京（11.6%、21.8%）、上海（7.1%、13.2%）、四川（6.9%、18.7%）、陕西（4.9%、17.1%）。一般而言，基础研究和应用研究研发投入主要来源于高校和科研院所，重庆的理工科高校以及央属科研院所缺乏是导

致其基础和应用研究投入大幅度低于北京、上海、四川和陕西的主要原因。

（2）部分主导产业研发投入增长滞缓

受全市传统的重化工产业结构影响，汽车、装备制造、化工医药、材料、电子信息等主导产业是全市研发投入的主要领域，2013 年分别占全市规上工业研发投入的 35.46%、21.97%、13.10%、12.12% 和 8.26%。但受全国范围内经济下行压力增大，市场需求不足的影响，装备制造、化工医药等主导产业研发投入增长放缓。其中装备制造业研发投入甚至在 2013 年出现负增长，化工医药行业也仅实现 8.6% 的个位数增长。此外，研发投入占比最大的汽车制造业 R&D 投入也仅增长 11.3%，仅略高于全市平均水平，低于全国 R&D 投资增速 3.7 个百分点。

同时，战略性新兴产业刚起步，部分产业链缺乏研发环节。重庆市环保装备、新能源汽车、生物医药、MDI 一体化、集成电路产业研发活动较多，而页岩气侧重生产缺乏研发链条，液晶面板、物联网、机器人、石墨烯和纳米新材料研发链条则刚起步。此外，民营企业研发投入持续增长的同时，国有工业企业研发投入增长缓慢。重庆市国有控股企业研发投入占比超过 52.5%，但近年来呈低速增长，2013 年仅增长 2.7%。

3. 全社会投入积极性不高，研发生态环境有待完善

受制度环境、政策环境、市场环境等研发生态环境不健全的制约，无论是企业、高校、科研院所还是其科研人员的研发投入积极性都不高，制约了研发投入的增长。

（1）法律制度亟须进一步健全

重庆已经基本形成以政府投入为引导、企业投入为主体、鼓励社

会广泛参与的研发投入体系，由于对研发投入成果的产权保护和对研发投入责任的约束制度不到位，一定程度上制约了社会主体的内生和外生动力形成。

一是确保研发投入主体合法权益的制度还有待完善。知识产权保护制度需进一步完善，保护水平有待提高。目前，我国关于知识产权保护的法律法规制度还比较分散，各个法律法规之间缺乏有机整合，如《专利法》《商标法》《著作权法》在司法和行政保护的范围及力度上均有一定差异。社会各主体对运用法律武器保护、交易自己的知识产权的流程、方法不熟悉，导致其蒙受损失，研发投入积极性降低。

二是对研发投入责任主体的约束制度不到位。市级及区县政府、国有企业在全社会研发投入活动中应当发挥引导作用，但由于缺乏必要的制度约束致使其引导作用发挥不足。

（2）政策机制有待进一步完善和落实

有效的政策导向和激励机制能从外部和内部激发社会主体的研发创新动力，目前重庆市在政策环境方面存在的主要问题体现在以下三方面：

一是部分激励政策还不完善或落实不到位。相对于美国等发达国家，重庆市缺少针对中小企业的特殊优惠。调查显示，企业普遍反映重庆市的财政奖励相较于江苏、广东、成都均存在缺位或宣传不到位的情况，如上述地区都设立了针对行业的科技奖励基金，而重庆还没有设立。而一些激励政策，如新产品增值税返还、研发费用加计扣除等企业普遍反映覆盖范围较小、申报程序复杂，而一些新的激励政策如股权分红激励等也难以落实。2013 年，重庆规模以上工业企业研发费用加计扣除减免税 3.8 亿元，占 R&D 支出总量的 2.1%，其中大型企业和国有企业分别占减免税的 71.4% 和 63%。

二是利于激发社会主体提高研发投入的绩效考核评价体系还不完

善。科技创新能力建设重硬轻软、重物轻人的情况依然存在。在评价研发绩效、给予科研资金支持时，对企业、高校、科研院所的科技成果转化、产学研合作的考核不足；在对区县、国有企业的绩效考核中，研发投入及绩效所占比例偏小；在对高校、科研院所科研人员的职称评定、岗位管理、考核评价方面，强调主要贡献人的作用，鼓励单兵作战，忽略了团队合作，难以激发创新活力。

三是收入分配激励约束机制还不完善。全市企业资产证券化程度较低，股权不清晰，尤其是国有企业改革面临更多体制问题，一定程度上制约了股权分红激励等政策的实施。而高校、科研院所大多是事业型机构，鼓励研发人员的收入分配改革也面临诸多制约，尤其是现行财政资助体制对劳务支出控制较严，制约了高端研究人员的积极性。

（3）科技金融对研发活动的支持力度有待加大

科技金融实质上是金融对全社会科技研发的资金支持发展模式。研发活动需要大量的资金投入，良好和低成本的融资环境能加速研发投入。同时，发达的资本市场、畅通的研发成果转让交易渠道能有效分担研发投入风险、提高资本化率和收益率，进而激励各主体增加研发投入。然而，目前，对于全市科技研发活动而言，无论其前端的资金市场还是后端的研发成果交易市场均发育不充分，进而对研发投入形成一定制约。

一是风险投资和产业资本对企业研发活动的杠杆和引导作用还有待提升。理论和实践证明风险投资对企业在初创期和发展期的研发活动都能产生明显的促进作用，美国每年有1/3的投资资金投入到早期创业投资，对科技创新和科技成果转化起到了巨大的促进作用。重庆VC/PE市场规模在全国占比仍处于较低水平，由于利益导向、退出机制不完善、专业化人才缺乏等原因，种子期和初创期风投发育不足，大量风险资本追逐发展期、扩张期投资，不能有效激发全社会的创新活力。同时，政府产业投资基金还处于起步阶段，且供给量有限。

二是科技资本市场发育程度较低。重庆科技企业的资本化程度和意识较弱，资本化不足导致企业价值被低估进而影响其外源融资能力和股权融资能力。目前，全市在主板与中小板、创业板、新三板等上市的企业数量较少，加之科技研发成果转让交易市场还不健全，制约了企业研发投入积极性的提升。

三是企业间接融资仍面临较多困难。金融机构在为企业提供研发资金支持的时候最关注的是企业的盈利能力、担保抵押品以及企业财务制度，而由于研发活动大多投入大、周期长，尤其科技型企业的资产大多是无形资产，没有足够的抵押品，而科技保险机构、担保机构发展不足，也制约了企业研发活动的开展。

4. 政府资金的引导性作用仍显不足

财政科技投入对于优化科技资源配置，引导社会资金投入，营造创新政策环境至关重要，而重庆市财政科技投入不足和财政科技经费使用效率不高并存，引导性作用发挥不充分。

一是政府研发投入总量还不高。2013 年重庆 R&D 经费支出来自政府的资金共计 24. 1 亿元，仅为北京、上海、陕西、四川的 3. 5%、9. 8%、12. 6%、15. 8%。其主要原因是其政府的财力与其他直辖市以及东部发达省市相比仍存在较大差距。2013 年重庆财政收入为 1693. 2 亿元，为北京、上海、江苏、广东的 46. 2%、41. 2%、25. 8%、23. 9%，制约了重庆政府资金对 R&D 活动的投入。

二是财政资金渠道分散，难以形成合力。财政科技资金涉及市发改委、市经信委、市国资委、市教委、市科委、市知识产权局、市科协等相关部门，由于缺乏资金、项目统筹，存在重复建设、资源浪费、绩效考核困难等问题。

三是重大专项资金、激励政策支持不足。由于支持科技型中小企业的体系不健全、国家投资项目审计等制度有待进一步完善，尤其是支撑创新的公共服务、公共平台不足，导致2013年重庆科技重大专项资金仅为7400万元，针对两江新区自主创新示范、高新区以及医疗、农业、战略性新兴行业缺少专项资金支持。

四是财政资金支持方式有待完善，研发投入转换效率不高。全市科研院所、高等院校的日常经费大多以人头费、公用经费等方式拨付，是一般性、基本性支持，而以政府需求为导向、基于项目的经费配置比例还不高，尤其是后补助、配套支持、产学研促进成果转化补助等方式的应用还较少。2013年全市财政预算安排的科技经费100亿元资金，能归集到R&D经费投入的不足30亿元。

5. *科研研究研发人才相对欠缺*

人才是提升区域科技研发竞争力的第一资源，一定程度上的科技人才弱市直接导致科技研发实力弱市。

一是R&D人员尤其是高层次人才短缺。受地理区位、产业基础、科研条件、激励政策等制约，长期以来重庆对高端人才资源的集聚能力较弱，重庆R&D人员总量在全国处于中等偏下水平，科研人才尤其是高层次人才紧缺的问题比较突出。2013年，全市R&D人员数量为8.37万人，位居全国第18位、西部第3位，仅为广东的12.8%，四川省的48%，陕西省的63%，其中两院院士只有14人，仅为全国总量的9%，远低于北京、上海、天津以及四川和陕西。

二是R&D人员密度不高。2013年，重庆万名劳动力拥有研发人员数量为39人/万名，远低于日本133人/万名、韩国135人/万名、德国132人/万名、俄罗斯111人/万名等国家水平。

三是R&D人员结构有待优化。全市实力较强的高等院校和国家级科研院所较少，从事基础研究和应用研究的人员相对较少，2013 年重庆 R&D 人员全时当量排全国第 18 位，其中，基础研究和应用研究都排第 22 位，试验发展排第 18 位。2013 年，重庆理工类高校数量占全市的 62%，R&D 人员仅占全部高校的 36%，而上海、北京、天津、四川、陕西理工类 R&D 人员比例均超过 50%。

四是 R&D 人员流动不足，尤其是通过合作交流进入重庆市的 R&D 人员不多（见图 2－37）。

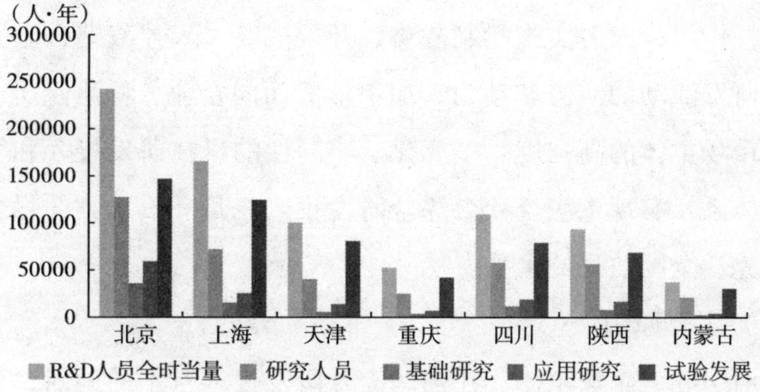

图 2－37　2013 年直辖市与西部部分省市 R&D 人员全时当量对比

二、提升重庆研发投入水平的思路和路径

（一）总体思路

依据市政府专题会议纪要（2014－54）《科技体制改革座谈会议纪要》精神，全市提出了实施五年千亿研发投入行动计划的战略部署。然而，目前重庆市研发投入不仅存在总量不大、结构不优、绩效不高、后劲不足的问题，而且也面临一些体制机制、政策环境的制约，导致全社会研发投入的积极性不高。要在较短的时间内提升全社会研发投入水平，不仅要从激励的角度改善研发生态环境、激发各类主体的内生动力，还要从约束的角度健全考核机制、落实从行业到区县的

主管部门的目标责任。

1. 指导思想

深入贯彻落实党的十八大和十八届三中、四中全会以及习近平总书记系列重要讲话精神，按照创新驱动战略部署要求，以提高自主创新能力和科技成果转化能力为主线，以强化创新资源集聚、优化创新投入结构、完善创新生态环境、深化体制机制改革为抓手，坚持政府引导、企业主体、社会参与，加快产学研深入融合，充分发挥科技金融的杠杆作用，大力实施专利战略、开放战略、人才战略，激发全社会开展研发活动的活力和动力，加快形成面向企业、科研院所、高等学校等市场主体的高强度、多元化、协同性的科技研发投入和综合技术创新体系，实现重庆全社会综合研发投入总量和投入方向尽快达到西部领先、全国前列的水平。

（1）主要原则

政府引导、企业主体。在强调提升研发投入水平的同时，更要注重优化研发投入方向的引导。发挥好财政资金对科研投入的引导作用，明确国有、民营等各类企业在全社会研发活动中的主体地位，围绕建立健全鼓励企业加大研发投入、加强产学研合作、支持创新发展的管理政策，调动全社会共同参与科研投入活动的积极性。

目标导向、供需结合。立足重庆实现创新驱动转型的战略目标，以任务为导向，健全科研评价体系，从后端倒逼研发投入提高。以产学研合作为核心前提和基础，挖掘企业技术需求，支持公共部门提供技术供给，鼓励发展中介组织，完善沟通交流机制，激发企业提升技术能力和吸收能力，提升全社会创新成果转化的速度和效率。

统筹协调、突出重点。统筹基础研究以及产业、基础设施、社会事业等各领域的研发活动。同时，重点针对提升区域可持续竞争力的关键领域，尤其是尖端制造、新兴产业以及科技型中小企业的应用试验研发，政府要发挥战略组织作用，采取定向采购、集群整合等方式，支持重点领域先进技术的研发和转化，确保未来综合发展优势。

（2）重点发展战略

专利战略。将提升专利数量和质量作为衡量科技研发投入绩效、实现创新驱动发展的重中之重，通过完善法律法规、创新激励机制等方式，加强知识产权保护，着力提高自主创新能力，从后端激发全社会加大科技研发投入的积极性，提升区域核心竞争力。

开放战略。坚持全球化视野，充分利用国际国内两种创新资源，加强与国内外处于领先地位的企业、高校、科研院所开展科技研发合作，通过人才、技术、管理“引进来”和“走出去”，推进跨区域、跨领域科学技术成果转化、转移和交易，强化金融对科技研发创新的支撑作用，加快融入全球创新网络体系借力发展。

人才战略。人才是提升区域科技研发竞争力的第一资源，加快使重庆由科技人才弱市转变为科技人才强市，重点深化成果转化收益分配机制、人才评价制度、人才管理体制等改革，加大对学术带头人或管理团队负责人的奖励和政策倾斜力度，创新人才引进、流动和培养模式，更好地发挥企业家、专家、留学人员、技术技能人才队伍的创新作用。

2. 总体目标

推动全社会研发投入提升是一个系统工程，不仅要考虑正向的投入目标，还要强调逆向的绩效评价目标。参照国内外先进经验，重点从研发投入、研发绩效、创新环境三个角度进行测度。其中，研发投入反映研发的人力财力投入情况、各创新主体的建设情况等，强调研发投入的总量、结构和强度。研发绩效反映研发投入的中间产出结果以及对经济增长的贡献。创新环境反映了政策、制度、机制等对研发活动的促进作用。

2013—2017 年全社会 R&D 投入 1000 亿元，政府对技术创新的引导作用大大增强，企业在技术创新中的主体地位进一步强化，高校、科研院所等公共部门技术研发实力显著提升，金融对技术创新的支撑作用明显加大，创新活动和创新成果显著增加，产学研深入融合的多元化科技研发体系基本形成。到 2017 年，全社会 R&D 经费支出规模应达到 310 亿元，年均增长 15.1%；R&D 占 GDP 比重超过 1.7%，技术进步贡献率达到 60% 以上（见表 2－20）。

表 2－20　研发投入绩效评价指标体系及总体目标

一级指标	二级指标	三级指标	2013 年	2017 年
研发投入	经费	全社会 R&D 经费内部支出（亿元）	176.49	310
		全社会研发投入占 GDP 的比重（%）	1.39	1.7
		企业研发经费支出占全社会研发支出比重（%）	82.30	81.5
		科技经费支出占公共财政支出比重（%）	1.28	2.5
		工业企业 R&D 经费支出占产品销售收入比重（%）	0.89	1.2
		#高新技术企业（%）	2.56	3.0
		大型企业（%）	1.28	2.0
		企业技术引进和消化吸收经费支出占产品销售收入的比重（%）	0.018	0.5
		VC/PE 市场基金募资完成额（亿元）	703.04	1457.8
	人才	万名劳动力①拥有 R&D 人员数量（人/万名）	39	60
	主体	有 R&D 活动的工业企业数量（个）	668	1200
		#国有控股企业	170	208
		高新技术企业	261	500
		高等院校数量（个）	70	72
		科研机构数量（个）	31	37
		拥有研发机构的企业所占比重（%）	7.5	10

① 此处劳动力指 15～64 岁常住人口。

续表

一级指标	二级指标	三级指标	2013 年	2017 年
研发绩效	综合绩效	科技进步贡献率（%）		60
		研发投入经济效益弹性系数	0.605	0.6
	知识产权	万名劳动力发明专利拥有量（项/万人）	4.04	7
		万名劳动力技术成果成交额（万元/万人）	788.65	1379.3
	创新产品	新产品销售收入占主营业务收入比重（%）	13.6	15
创新环境	政策	规模以上工业企业研发费用加计扣除减免税（亿元）	3.82	6.7
		#高新技术企业（亿元）	2.69	4.7
		高新技术企业减免税（亿元）	2.85	5
		新产品增值税返还（亿元）		
	制度	知识产权保护满意度（%）	—	90
		政府规章对企业负担影响程度（%）	—	低于 50
		企业创新项目获得风险资本支持的难易程度（%）	—	低于 50
		企业与大学研究与发展协作程度（%）	—	80

3. 目标分解

为保障五年千亿研发投入总体目标的实现，需按执行主体分类明确年度目标和任务，作为实施操作路径的重要依据（见表 2－21）。

表 2－21　2013—2017 年千亿研发投入目标分解

单位：亿元

责任单位	年度目标	投入量	
一、企业 R&D 投入		全部规上工业企业	其中：国有控股
市经委、市国资委	2013 年	138.8	72.9
	2014 年	162.4	81.6
	2015 年	186.8	91.4
	2016 年	216.7	102.4
	2017 年	251.4	114.7

续表

责任单位	年度目标	投入量	
二、科研院所 R&D 投入		全部院所	其中：地方属
市科委	2013 年	12.8	6.0
	2014 年	14.1	6.7
	2015 年	15.5	7.5
	2016 年	17.0	8.4
	2017 年	18.7	9.5
三、高校 R&D 投入		全部高校	其中：理工农医
市教委	2013 年	17.5	14.6
	2014 年	19.8	16.8
	2015 年	22.4	19.3
	2016 年	25.3	22.2
	2017 年	28.6	25.5
四、财政 R&D 投入		全部资金	财政科技经费支出
市财政局、各区县人民政府	2013 年	24.1	39.3
	2014 年	28.0	51.0
	2015 年	32.4	66.3
	2016 年	37.6	86.3
	2017 年	43.7	112.1

注：企业 R&D 投入、科研院所 R&D 投入、高校 R&D 投入按执行单位分类。财政 R&D 投入按资金来源分类。

（二）实施路径

1. 推动产学研融合，完善以企业为主体的研发创新体系

（1）鼓励企业加大创新投入

企业的研发投入是决定企业科技创新含量的重要因素，也是衡量一个地区研发投入总量的主要指标。从重庆前几年的发展历程看，企业研发投入占全市研发投入总规模的占比超过八成。因此，企业在研发方面的投入规模决定着全市创新投入整体规模。应通过多种措施鼓

励国有、民营、外资等各类性质的企业加大研发投入，形成持续推动产业转型升级发展的创新动力。

鼓励企业加大技术研发中心等研发创新平台的建设力度。调整企业技术中心认定标准，R&D 经费支出占企业销售收入比例较高的企业优先给予认定市级企业技术中心。围绕全市重点产业领域，重点鼓励汽车、电子信息、高端装备、智能装备、精细化工、新材料、节能环保、生物医药等领域的企业创建国家级及市级企业技术中心，引领全市本行业技术创新水平。选择一批在国内行业领域有领先地位的企业进行重点培育，建成一批技术水平引领全国乃至全球的企业创新平台。对市级企业技术中心，除享受国家的普惠性政策外，根据企业研发投入强度、新产品销售收入占主营业务收入比重、专利拥有量、技术标准获批情况等，以“后补助”方式予以奖励扶持。

鼓励企业建立研发准备金制度。研发准备金制度在国外企业已经非常普遍，能够促进企业快速成长。借鉴国外经验，对已建立研发准备金制度的企业，根据经核实的企业研发投入情况对企业实行普惠性财政补助，引导企业根据研发计划及资金需求提前安排资金，有计划、持续地增加研发投入，确保研发资金的需要，从而促进企业研发投入的持续稳定增长。

落实相关企业研发税收政策。一是按照国家要求落实研发费用加计扣除政策。放宽享受加计扣除政策的研发活动和费用范围。除规定不宜适用加计扣除的活动和行业外，企业发生的研发支出均可享受加计扣除优惠。在原有基础上，外聘研发人员劳务费、试制产品检验费、专家咨询费及合作或委托研发发生的费用等可按规定纳入加计扣除。允许企业追溯过去 3 年应扣未扣的研发费用予以加计扣除。简化审核，对加计扣除实行事后备案管理。对可加计扣除的研发费用实行归并核算。企业为开发新技术、新产品、新工艺发生的研究开发费用，未形成无形资产计入当期损益的，在按照规定据实扣除的基础上，按照研究开发费用的50%加计扣除；形成无形资产的，按照无形资产成本的150%摊销。二是鼓励企业购买研发设备和加速折旧。企业在2014年1月1日后购进并专门用于研发活动的仪器、设备，单位价值不超过100万元的，可以一次性在计算应纳税所得额时扣除；单位价值超过100万元的，允许按不低于《中华人民共和国企业所得税法》规定折旧年限的60%缩短折旧年限，或采取双倍余额递减法或年数总和法进行加速折旧。

以龙头创新骨干企业引领激发中小企业创新活力。发挥长安、太极等大型企业技术创新的骨干作用，牵头带领中小企业和科研院所，提高研发产品的市场需求针对性。吸引更多重点中小企业参与国家重大科技攻关项目，促进科技基础设施、大型科研仪器设备和科研数据信息等公共科技资源的共享利用。

完善政府支持企业创新政策。改革政府支持企业技术创新方式，探索财政科技投入新渠道，由事前投入扩展为事中和事后补助，采用政府购买服务的方式支持社会公益技术推广应用。进一步强化企业研发费加计扣除、高新技术企业税收优惠等政策的落实，提高对企业技术创新投入的回报，引导形成公平、普惠的技术创新政策环境。

（2）促进高校加快创新投入

加大高校创新平台投入。大力实施“高等学校创新能力提升计划”。推进高校2011协同创新中心建设，鼓励高校承接更多重大协同创新项目。围绕全市支柱产业发展需求，增加高校科研投入，扶持高校建立一批重点实验室、工程研发中心等创新平台。支持高校创建科技部重点实验室、教育部重点实验室等重大研发平台，以获得国家层面资金支持。

完善高校创新服务体系。落实《重庆市深化体制机制改革　加快实施创新驱动发展战略行动计划（2015—2020年）》，扩大高等学校科研管理自主权。支持教师转化和推广科研成果，大力培育跨学科、跨领域的科研教学团队。改革职称评价机制，加大产业政策引导高等院校科技研发的支持力度。保护科研人员知识产权和合法权益，营造公平公正环境，使创新人才不为侵权剽窃所扰，不为不必要的审批、评比所累，专心致志搞创新、出成果。

激发高校人才的创新活力。培养和引进高端领军人才，积极落实国家重大人才计划，引进一批掌握前沿技术、引领产业发展、有成功创业经历的海外高层次人才。畅通人才流动渠道，建立全市高校领军研究人才库，推进人才“柔性流动”，增强集聚创新人才的能力。排除人才流动的障碍和壁垒，为人才发挥作用、施展才华提供足够的发展空间。积极推动股权和分红激励试点，激发科技人员实施和转化科技成果的积极性。支持创新人才在高校和企业具有双重身份。鼓励用人单位创新人才工作机制，鼓励企业完善对高校人才技术作价入股、知识产权和科技成果参与分配等激励措施。

（3）支持科研机构加快创新

鼓励加大科研机构基础性和应用性研发投入。一是设定重大项目、市场导向类项目、政府引导型项目、公益性科研项目、基础前沿科研项目等目标导向，实现分类投入。二是加大科研院所研发费用税前扣除政策的执行力度，建立科研院所技术开发准备金制度，重点落实《重庆市促进科技成果转化股权和分红激励实施办法》，完善促进科技和金融结合、激励投入科技的财政和税收等政策措施，激励科研院所投入。三是引入社会资本建立科研院所产业发展基金，促进科技金融融合，支持科研院所以科技成果等方式出资入股，开展项目融资、发行企业债券、知识产权质押等融资改革试点，推动市场资本与科研院所合作。

建立稳定的财政投入与支持体系。对纯公益性研究机构，政府应采取全额资助式经常性投入为主、竞争项目式投入为辅，即机构式资助为主、项目式资助为辅的方式。建立公益性科研院所财政稳定支持机制，一是足额拨付事业经费。预算内人头经费和绩效按目标编制数量核定足额拨付，并赋予院所自主安排和使用权。对科研院所、高等学校等科技人才集中的事业单位，按规定由政府投入的人才基金、创业基金和引进高层次人才的特殊报酬，以及临时性科研课题（项目）报酬不纳入绩效工资总量管理。二是建立政策支持体系。设立科技基础条件建设专项经费每年不低于5000万元，确保科研业务费实现稳定增长，使其经费占全部研发经费的比重由现在的5%左右逐步提高到20%以上；设立院所创新能力建设专项5000万元，用于支持公益类院所创新基地和人才团队建设。针对转（改）制类院所，可采取税收优惠、政府购买服务、科技成果奖励等方式引导这类院所加大R&D投入。鼓励重庆科研院所积极参与国家863、973、自然基金项目等项目。

（4）推动产学研融合发展

建立产学研协同创新机制。一是建立具有战略伙伴关系的协同创新中心。支持科研院校与企业、科技园区建立长期的、网络状、科技与经济结合、科教结合的战略协同模式，共同设立新产品开发创新平台和关键工艺技术创新平台等。二是设计实施创新集群计划。以产业联盟为主体，围绕技术创新活动，培育从项目创意、研发、试验到产品生产的完整创新价值链。三是以知识产权联盟引导协同创新。以市场需求为导向，以产业链为基础，健全产业集群的企业标准联盟、技术联盟和产业联盟，引领产学研协同机制的创新。加强对知识产权联盟的保护，严厉打击侵权行为，促进产业联盟开展更紧密的协同创新。

建设一批产业技术创新联盟。支持科研院所、高等院校联合大型企业集团，在通信设备、下一代互联网、智能制造、特种装备、新材料、页岩气开采及装备、道路交通、医学健康、科技服务、智慧城市、绿色建筑产业、特色效益农业等行业建立技术创新联盟。通过专利导航、技术标准评级补贴、创新成果产业化补贴和股权化改造等方式，推动产业技术创新联盟开展技术合作，形成产业技术标准，建立公共技术平台，实行知识产权共享，为提升产业整体竞争力服务。

加快建设国际国内合作创新平台。支持企业通过项目合作、股权合作等方式引导专业团队和科研成果在渝落地。对接国际规则，支持参与国际大科学工程和国际科技交流，鼓励获取国际科技新资讯、新技术，鼓励具有自主知识产权的创新产品输出。支持科研院所、高等学校和企业与中国科学院、中国工程院、十一大军工集团、北京大学、清华大学及国内大型企业和知名研发机构开展合作，共建研发和产业化基地。

2. 优化研发投入领域和结构，形成可持续增长动力

（1）加快基础研究和应用研究投入

前瞻部署一批前沿技术研发平台、产业链关键核心技术创新平台以及工程化试验测量平台。规划建设重大科技基础设施。瞄准科技前沿和国家重大战略需求，根据重大科技基础设施发展的国际趋势和国

内基础，坚持有所为、有所不为，以人口与健康、农业、资源环境、能源及光机电、信息、材料、综合交叉等七大领域为重点，从预研、新建、推进和提升四个层面逐步完善重大科技基础设施体系。加大投入力度，前瞻性开展一批发展前景较好的探索预研工作，夯实技术基础，全面提升设施建设水平和运行效率，为全市科技长远发展和创新型城市建设提供有力支撑。优先安排家蚕基因、超声无创治疗、电磁辐射防护等重大科技基础设施建设。

推进科技研发基地建设。按照明确定位、完善布局、规范管理、共建共享的原则，围绕重大科技任务、重大科学工程、重大科学方向，进一步加强重点实验室建设。围绕培育壮大战略性新兴产业、加快传统产业转型升级及建设重点学科的需要，整合优势资源，布局建设一批市部级以上重点实验室、工程实验室、工程（技术研究）中心和企业技术中心，探索构建集产品设计、技术集成、工艺配套等于一体的产业创新公共服务平台。鼓励和引导企业、高等院校和科研院所采用产学研结合等多种形式，加强重点实验室建设，打造全市基础研究骨干基地。围绕重庆优势和特色，培育国家重点实验室。

加强基础研究。瞄准国家战略需求，结合重庆市优势特色，进一步完善学科布局，大力推动学科交叉和融合。重点支持重大疾病发病机制及防治、防灾减灾基础理论等34个优先主题开展基础研究和应用基础研究，加强国家级和市级重点学科建设，培养高水平的科学研究队伍。在家蚕基因、超声无创治疗、电磁辐射防护等方向取得一批国际领先的重大科学发现和创新性成果，占领制高点。

专栏2-1 基础研究重点领域及优先主题

人口与健康

重大疾病发病机制及防治，人口健康与环境相互作用，计划生育与生殖健康，灾难医学和再生医学，创新药物及中医药，创新医疗器械。

农业

主要农作物和经济生物重要功能基因的发掘与功能验证，特色畜禽水产遗传资源发掘与优势性状遗传，主要农业病虫害生物控制，农业减灾避灾与生态农业，食品安全控制的理论和模式。

能源及光机电

非常规能源（页岩气、煤层气）的勘探开发与利用，可再生能源的高效转换与利用，半导体照明系统寿命与可靠性，深部煤矿动力灾害与控制，高性能机电传动与装备集成系统基础理论，智能电网消纳新能源，配用电及装备智能化的基础理论。

信息

新一代通信系统和网络体系理论，未来互联网体系结构、安全性能和服务软件，智能控制理论与应用基础，光电子、微电子器件和高性能传感器，信息科学与生命科学的交叉领域。

资源环境

主要矿产成矿（藏）规律与高效利用，区域环境污染过程、机理及健康风险与控制，气候变化及山地灾害形成过程与机制。

材料

先进金属结构材料，化工新材料与绿色建材，新型功能材料，绿色冶金。

综合交叉

重大工程结构灾害监测、安全保障与控制，新物质创造与转化的化学过程，基础工程力学，防灾减灾基础理论，数学及其在交叉领域的应用。

（2）支持支柱行业和新兴产业技术创新

以支柱产业及新兴产业技术创新能力建设为核心，前瞻部署一批前沿技术研发平台、产业链关键核心技术创新平台，推进原始创新、集成创新和引进消化吸收再创新，加快工业化与信息化深度融合，重点建设一批科技转化平台和工程化试验测量平台。强化战略性新兴产业知识产权与技术标准前瞻布局，支持以企业为核心的产业联盟建设，力争形成具有国际竞争力的主导产业发展的科技制高点。

1）电子信息产业

加快产业集群升级改造，完善产业关键核心创新平台建设。加强新一代信息技术产业创新平台和标准化建设，完善一批产业关键核心技术创新平台，强化知识产权与技术标准前瞻布局，支持以企业为核心的专利战略联盟和技术标准联盟建设，掌握一批有国际影响力的技术标准。依托产业创新资源聚集区，推进新一代信息技术产业创新成果应用示范，加快信息技术服务业发展，支持商业模式创新，培育新的增长点。

专栏2-2　电子信息产业技术创新重点

创新平台

计算机设计工程（技术）研究中心，互联网服务产品和技术可靠可控验证实验室，光网宽带通信重点实验室，物联网重点实验室，数字视频编解码技术工程技术中心，北斗卫星导航应用工程中心，跨境电子商务交易认证中心，移动互联网应用、物联网应用企业研发中心。

智能终端

基于国产CPU、OS的便携式计算机整机设计技术，特种行业计算机设计制造技术，工业计算机设计技术。基于IPv6和TD-LTE的智能移动终端、电子元器件及网络设备的研发制造技术。

互联网信息服务

基于HTLML5的智能终端操作系统及应用，移动互联网智能语音技术，基于北斗系统的应用服务技术。大数据平台、大数据处理分析技术和大数据解决方案，网络电子票证技术，跨境电子商务云平台及交易认证技术，云安全平台。

物联网

智能微型传感器、传感器网络通信、传感网核心芯片、无线传输组网等关键技术，车联网技术。

三网融合

数字媒体内容分发网络（CDN）技术等。

其他

智能交通摄像技术，图形处理技术。

2）装备制造业

加强装备制造业共性技术创新平台建设，加快生产智能化、自动化的技术集成创新，推进装备再制造工程，加快装备制造业智能化、绿色化的升级改造。围绕重大成套技术装备设计验证等关键技术开发，完善和提升产业技术创新、检测检验和系统验证服务等平台。提升高端装备核心部件的自主设计制造能力，着力突破国外技术垄断。

专栏2－3　装备制造业技术创新重点

创新平台

国家数控系统工程技术中心，国家机床绿色再制造工程技术研究中心，机器人技术研发中心，网络化控制技术与智能仪器仪表国家重点实验室，国家卫星应用工程技术中心，3D打印公共技术平台。

数控装备

高精度数控机床关键技术，863计划机器人项目，仪器仪表智能控制技术、高精度测控传感技术。

再制造

数控机床、汽车发动机、轮胎等绿色再制造。

航空航天装备

通用飞机、直升机等关键零部件产品技术开发，基于北斗卫星导航系统关键零部件产品技术开发。

增材制造

增材制造技术体系、打印材料和产业研究。

其他

大型铸锻件关键技术及装备，丘陵山地适应性强、能耗低和可靠性高的小型农机装备技术。

3）汽车产业

加快新能源汽车和高品质节能汽车的开发及产业化步伐，提升整车集成技术、车控电子技术的自主创新能力，加强机动车尾气控制能力，保持重庆市汽车产业技术创新能力的国内领先地位。围绕新一代插电式混合动力汽车及纯电动汽车等清洁能源汽车，以共性关键技术和重要标准为纽带，以重点企业集团和公共服务平台为核心，充分发挥节能与新能源汽车产业联盟优势，在整车集成技术、关键车控电子技术和充电设施方面联合攻关，力争取得重大突破，实现新一代纯电动汽车和插电式混合动力汽车产业化、规模化。

专栏2-4　汽车产业技术创新重点

创新平台

国家电动汽车整车系统集成工程技术研究中心、节能与新能源汽车动力控制与整车技术市级重点实验室、机动车尾气污染控制市级重点实验室。

电动汽车

电动汽车整车系统集成技术，动力电池系统安全性、可靠性研究和轻量化设计，高比能动力电池研究，驱动电机系统及核心材料研发，双离合器自动变速器的混合动力驱动系统，动力电池梯级利用和回收管理体系。

天然气汽车

天然气客车发动机供气装置、点火装置等核心技术，车载气瓶技术。

节能汽车

混合动力专用发动机和机电耦合装置，柴油机高压共轨、汽油机缸内直喷、均质燃烧以及涡轮增压等高效内燃机技术和先进电子控制技术，高效控制氮氧化物等污染物排放技术。

充电设施

充电设施设计、建设、运行管理规范及相关技术标准，充电设施接网、监控、计量、计费设备和技术，开展车网融合技术研究和应用。

4）化工产业

以天然气化工材料和精细化工为重点，通过引进和消化创新，提升天然气催化部分氧化制合成气关键技术，提高核心工艺和设备国产化能力，延伸天然气化工产业链，大力发展高分子材料和精细化学品，促进行业节能减排，提高资源能源综合利用效率。

专栏2－5　化工产业技术创新重点

创新平台

国家维生素K3工程技术中心，国家饲料级蛋氨酸工程技术中心。

天然气化工材料

1.5万吨级天然气制乙炔技术及装置；维生素K3技术；醋酸制乙醇技术；MDI延伸产品聚氨酯、聚氨酯组合材料（PU）、热塑性聚氨酯（TPU），聚甲醛，聚碳酸酯连续聚合，甲醇制烯烃，己二腈合成等关键技术；缓控释肥和硝基复合肥技术。

精细化工

高值低耗的饲料级蛋氨酸、己二腈、医药食品级甘氨酸、己内酰胺、电子化学品等产业化关键技术。

节能减排

高效离子活化催化、低酸碱水解过程强化、新型化工节能设备、化工清洁化生产等共性技术。

5）材料产业

着眼轻量化、高强韧、结构功能一体化和智能化、模块化、材料元器件一体化两大发展趋势，推动冶金制造业信息化和节能减排，重点突破高性能轻合金材料、玻纤材料、特种功能材料等领域的关键技术，加快实现新材料产业化。

专栏2-6　材料产业技术创新重点

创新平台

国家镁铝合金企业技术中心。

冶金

连铸连轧、短流程冶炼工艺、快速冷轧、低品位矿高效冶炼、冶金废渣二次成矿与分离、高速挤压轧制、锰钡资源综合利用等新技术。新一代可循环钢铁流程工艺与装备技术、高炉炼铁 CO_2 减排与利用关键技术、新一代 TMCP（控轧控冷）技术。基于新型阳极与异型阴极联合应用的超低能耗电解铝技术。

高性能轻合金

高性能耐腐蚀合金制造技术。大飞机和轨道交通装备用高性能铝合金材料制造技术。汽车摩托车用镁合金、电子产品外壳用镁合金产业化关键技术。

功能材料

高纯冶炼、特种铠装、厚膜、薄膜等关键工艺技术，电子级高纯多晶硅生产工艺技术，大规模高转化率光伏材料，大功率LED材料，低成本高比容量磷酸铁锂和富锂锰基正极材料产业化关键技术，高性能玻璃纤维及复合材料关键技术。

6）节能产业

围绕节能家电和办公设备、半导体照明和节能服务，培育节能市场，提升节能技术研发能力和水平。

专栏2-7　节能产业技术创新重点

创新平台

家电节能工程技术中心，LED照明重点实验室，国家节能检测认证中心。

节能家电及办公设备

家电智能控制节能技术和待机能耗技术；空调制冷剂替代技术、二氧化碳热泵技术。

半导体照明

大尺寸衬底及外延、大功率芯片与器件、LED背光、智能化控制、新型封装、专用驱动等关键技术。

节能服务

大力发展以合同能源管理为主要模式的节能服务业，重点支持第三方节能量检测与确认、节能商业模式发展。

7）环保产业

发挥总承包企业牵引、设计服务及装备制造企业参与，集工程承包、技术及设备集成、专用及通用设备制造、环保服务于一体的产业联盟的优势，以污染防治、环境监测、资源再利用为重点，加强环境监测，加大污染治理，促进资源循环再利用，推广清洁生产，大力推进环保产业技术发展。

专栏2-8　环保产业技术创新重点

创新平台

城镇污水治理工程技术中心；国家环境保护危险废物处置工程技术（重庆）中心、国家环境保护垃圾焚烧处理与资源化工程技术中心、燃煤烟气净化技术及装备国家地方联合工程研究中心；电子废弃物处置场和危险废弃物处置场；重金属监测实验室；国家排污权交易市场（或国家碳排放交易市场）。

污染防治

燃煤电厂烟尘污染（PM2.5）捕集控制关键技术，烟气脱硝/脱汞和烟尘回收技术与装备。水污染在线监测、城镇污水深度脱氮除磷一体化技术及成套装备、农村生活污水处理的分散式污水处理技术、中水回用、再生水回用、污泥脱水与资源化利用成套设备关键技术，重金属废水和污泥处理及资源化技术，污泥除臭灭菌技术，垃圾渗滤液处理技术。重金属、危险化学品、持久性有机污染物、放射源等污染的治理技术装备与生态环境修复，研发推广安全有效的危险废物和医疗废物处理处置技术和装置。

环境监测

PM2.5等颗粒物检测设备关键技术，重点发展高精度、高可靠性智能化的环保自动化控制系统和关键精密仪器及信息技术。

资源再利用

餐厨垃圾资源化利用技术。生活垃圾无害化减量化资源化处理技术。城市雨水收集与利用技术。废旧汽车、电子废弃物、废旧轮胎等资源综合利用。大型垃圾焚烧发电装备关键技术。废旧电器电子产品资源化利用。报废汽车资源化利用。汽车、机床、电子产品等再制造性设计方法；汽车零部件、工程机械、机床等机电产品再制造，研发旧件无损检测与寿命评估技术、高效环保清洗设备等关键技术和装备。

8）交通运输业

以轨道交通装备、船舶、摩托车为重点，在重大关键核心技术上取得突破，逐步提高自主制造比例，装备的设计和技术水平明显提升。

专栏2-9　交通运输业技术创新重点

创新平台

设立特种船舶和柴油机关键零部件国家级企业技术中心。国家齿轮检测实验室。增压器、燃油喷射系统建立柴油机国家实验室分室。

轨道交通装备

城际列车制动技术、列车牵引与控制系统共性及关键技术、列车网络控制关键技术、列车安全运行控制技术、基于物联网的轨道交通智能视频监控及运维关键技术、高速移动状态下的宽带无线通信系统及其调度监控等关键技术、基于北斗的定位定时轨道状态感知技术。高速列车减速传动装置、转向架关键零部件等新产品。

船舶

5万吨级不锈钢化学品船舶制造关键技术。液化石油气船、天然气船研发制造关键技术。内河船舶绿色环保燃料技术。船舶核动力和传动配套关键技术。大型船用柴油机关键配套件制造技术。基于北斗的船舶导航仪器关键技术。

摩托车

越野摩托、赛车、休闲摩托等特色车辆研发制造。车架、电喷系统等关键零部件的研发制造。

9）能源产业

把“提效优化”作为能源产业自主创新能力建设重点，提高资源综合开发利用水平，提升能源网络安全运行能力，强化能源基地工程建设技术支撑能力，着力开展新能源利用的新理论与新方法和规模化利用，加强关键技术、装备和工艺创新能力建设，加速创新成果转化。

专栏2-10　能源产业技术创新重点

创新平台

智能电网安全监测中心，光伏发电工程技术中心，智能电网安全实验室，瓦斯安全实验室。

资源高效利用

复杂地质条件油气开采，低品位油气资源的高效开发。煤炭加工与转化技术。天然气净化装置技术，非常规天然气（煤层气、页岩气等）开发利用。

电力工程技术

高效清洁燃煤电厂，生态友好的水力发电技术，热电联产技术，小南海水电站工程建设技术，天然气发电技术。

电力装备及安全

智能电网技术。核电设备关键技术。大型高压、特高压交流变压器和直流输电用换流变压器技术，特种电缆技术。瓦斯安全监测技术。

可再生能源

5兆瓦以上大功率海洋型风电装备研究及产业化技术。大规模光伏发电装备研究及产业化技术，分布式光伏发电站示范。生物质发电。大型沼气发电示范工程。大规模储能电站。

其他

海洋油气资源开发配套装备技术。

10）生物产业

完善产业技术支撑体系，以高性能医学诊疗及医疗信息服务、创新药物、生物育种为重点，提升国家生物产业基地技术创新能力。

专栏2－11 生物产业技术创新重点

创新平台

电子健康档案管理国家工程研究中心、临床研究（数据管理和生物统计）国家实验室。超声医疗等国家工程研究中心。建立南方山地种质资源库。人口生物信息管理工程研究中心。

高性能医学诊疗及医疗信息服务

超声治疗诊断设备、电子医疗设备国产化核心部件及关键技术。突破跨区域医疗信息网络平台关键技术、电子病历记录认证技术等关键技术，建立覆盖重庆的电子健康档案。

创新药物

生物催化转化技术。新型制剂及给药技术、大规模发酵分离纯化技术。现代中药产业化关键技术、道地中药材GAP种植关键技术。化学药大品种高难度药物中间体、原料药和制剂规模化仿制技术。

生物育种

水稻、玉米、蔬菜、柑橘、家蚕、生猪等农业优势领域突破抗性和品质改良中的分子设计和细胞工程等关键技术，农业航空植保技术。

其他

生物识别技术。

11）轻纺产业

以纺织、食品、造纸、陶瓷为重点，推广自动化、数字化、信息化生产技术，提高资源利用水平，加强工艺技术的研发和产业化推广，实现产品的多样化和高档化。

专栏 2-12　轻纺产业技术创新重点

创新平台

国家食品药品安全检测工程中心。国家废纸浆处理技术中心。

纺织

棉纺成套设备智能化加工体系、新型生物质纤维关键技术。原料精细管理和计算机分检配棉技术、质量控制、织物自动检测和分析技术。高支、多纤维紧密纺技术，无梭、提花织造技术。印染清洁生产技术。计算机辅助服装设计与制造。

食品

农产品加工关键技术和危害分析关键控制点等食品安全质量控制技术、食品非热杀菌技术、超微粉碎工艺等。榨菜腌制综合处理技术，高品质榨菜加工、香辛料集成加工技术及调味技术，复合调味品、发酵调味品的研究。食品污染物快速检测技术。

造纸

高效废纸碎解技术、无元素氯漂白技术、全无氯漂白技术、全自动控制技术、蒸汽回收技术等。化学制浆推广深度脱木素、低能耗快速置换蒸煮或连续蒸煮、封闭筛选。化机浆推广蒸汽回收技术。废纸制浆推广干法筛选、高效废纸碎解技术、节能型打浆技术。

陶瓷

耐磨、耐污、防滑、保温等多功能型陶瓷技术。轻量化节水型卫生陶瓷。

（3）促进重点区域创新持续投入

加大两江新区等重要平台研发投入，引领全市创新发展。以两江新区为核心，以高新区、经开区、璧山高新区为载体，积极向国家申报国家自主创新示范区。两江新区作为长江上游创新中心，理应在创新引领全市经济社会发展方面有所作为，应当重点加大对重大支撑产业项目，特别是战略性新兴产业领域的研发投入，增强产业创新发展能力。同时发挥全市科技创新龙头作用，以市场化方式完善科技金融服务体系和投融资机制，培育一批中小微创新型企业主体，加快创新成果产业化，成为全市高新技术的创新创业平台。

加大经开区和各类科技园区的创新投入。充分发挥国家级经开区和科技园区的创新示范作用，加大高新区、经开区、璧山高新区、长寿经开区、万州经开区等主要创新园区的研发投入，以取得更多的创新成果，重点推动电子信息、高端装备、节能环保、高技术服务业等新兴产业加快发展。加大创新示范投入，建设一批农业科技园区、知识产权试点示范园区、特色产业科技园区等，带动全市产业园区加快发展。

3. 加大政府资金投入，发挥资金引导和放大作用

（1）整合统筹全市科技研发投入资金

发达国家和我国东部地区的经验表明，R&D 支出强度在进入“1.5% ~2%”阶段时，政府的科技投入应当占主导地位。当前应推进科技投入实现从“小投入”到“大投入”的转变，围绕创新链配置好财政科技资源，创造性地综合运用各类政策工具，确立科技研发经费在政府财政投入中的地位，引导全社会资源向科技创新集聚，形成财政资金、金融资本、社会资本多方投入科技创新的新格局。

加强政府科技投入资金与项目的统一管理。针对财政资金渠道分散，缺乏资金、项目统筹，存在重复建设、资源浪费、绩效考核困难

等问题。应当积极对接国家统一的科技管理平台，及早完成各类科技计划的专项、基金整合，实现科技计划设立和预算配置的统筹协调。建立统一的市级科研公开项目数据库，对于财政支持的科研项目，从申报、评审、立项、执行到验收等信息必须全部纳入数据库，避免或减少重复申报、重复立项等现象。加强财政科技经费投入信息公开。在符合国家保密规定的前提下，提高科技投入项目管理的透明度。全面实行网上申报，推行网上评审，积极实施公告、公示制度。

完善重庆财政 R&D 投入监管和监督制度。建立健全责任机制。由市科教体制改革专项小组与市级相关部门签订千亿研发投入责任书，确保责任落实。建立完善协调机制。建立千亿研发投入协调会议制度，推动市级部门联动，对任务推进情况进行沟通、协调。进一步健全统计分析机制。继续加大规模以上工业企业科技统计工作力度；同时，以年报方式定期发布 R&D 投入数据，开展数据分析，提出 R&D 投入领域、强度等方面的宏观决策参考。完善科技型中小企业统计工作，提供科技型中小企业统计数据。

（2）加大资金投入强化政策导向

通过立法和规则制度形式确立财政直接支持研发投入的规模、增长速度和保障机制。确保政府财政用于科技经费的增长幅度高于财政经常性收入的增长速度。严格执行《重庆市科技创新促进条例》关于“市、区县（自治县）财政科学技术经费年增长幅度应当高于本级财政经常性收入的年增长幅度”的规定，通过制度创新，提高财政直接支持科技创新政策的可操作性。市级财政应当逐步提高科学技术经费投入的总体水平，建议设立市属高校科研基本业务费。集中财力组织开展战略性新兴产业和支柱产业发展需要的重大科技成果集成示范及应用技术研究；又要均衡布局，支持科研院所、高等院校开展基础前沿技术研究、社会公益研究和创新能力建设等。区县财政确保财政科学技术经费年增长幅度应当高于本级财政经常性收入的年增长幅度；将R&D投入纳入区县政府科技考核核心指标，推动区县政府加强辖区内R&D投入工作的统筹协调。

进一步强化政府投入政策导向。政府财政科技资金在科技活动中主要应该起到引导、启动、扶持等基础性作用，应侧重于基础性、公益性科技投入和科研基础设施建设，政府向企业科技研发投入应以产业链为基本着眼点。重点加大自主创新基础能力投入力度。积极推进中科院重庆研究院、中国汽车工程研究院、质量计量检测中心、新能源汽车、物联网等国家级创新平台建设，完善重点实验室、工程实验室、工程技术研究中心、工程化研发、中间试验示范和科技成果产业化中心等基础功能配置。大力推进科技成果产业化基地建设，进一步推进重庆市与市外高校和科研机构大型仪器共享平台建设，引导更多研发机构进入共享平台。

（3）创新政府科技投入方式

建立完善财政科技投入后补助方式。分类指导公益性研究项目与竞争性研究项目。对于基础性和公益性研究，以及重大共性关键技术研究等公共科技活动，仍采用“前补助”方式支持。对于以科技成果工程化、产业化为目标的竞争性科研项目，采用市场化的方式进行扶持。一是改“前补助”为“后补助”。对企业实施成功后的科研项目、企业技术中心、公共实验室和科技成果转化服务中心等研发活动均实行“后补助”，补助金额与其研发贡献等指标挂钩。二是改“直接补”为“间接补”。政府用于扶持、支持企业的资金（包括招商引资中给予的政策）从补助生产或建设向补助企业搞研发创新或购买研发创新成果转变。三是改“行业部门决策补”为“多维评价决策补”。针对科研工作特点和科研活动载体不同，面向国家级企业技术中心、科技成果转化服务中心、创新型企业、创新成果孵化器、众创空间、个人等不同科研载体，探索建立团队考核与个人成果相结合、长周期考核与过程管理相结合的多维度评价体系，推进“同行评议”“第三方评价”“国际评价”和“市场价值评价”等评价方法，将评价结果与政府补贴、拨款和奖励挂钩。

4. 优化研发生态环境，激发全社会研发投入活力

（1）完善法律法规

完善科技法规。完善研发创新相关法律法规，推进观念创新，坚持解放思想，形成创新共识。及时修订完善《重庆市技术市场条例》《重庆市科学技术投入条例》《重庆市促进科技成果转化条例》和《重庆市科技创新促进条例》四部科技类地方法规，与时俱进，增加科技服务市场、科技中介活动等方面的制度和规范①，增强法律法规的连贯性和可操作性，以更好地发挥指导作用。加大科技普及宣传力度，应通过各种渠道和各种形式，加大相关法规的宣传普及力度，真正发挥科技立法的作用。

完善并落实知识产权制度。保护科研人员知识产权和合法权益，营造公平公正环境。实行严格的知识产权保护制度，构建完善的专利、版权、商标等法律法规体系，加强对专利信息与产品研发的动态管理，以提高新产品的市场针对性。研究修订《重庆市专利促进与保护条例》，强化知识产权运用和保护，依法打击侵犯知识产权的违法行为。全面落实《企业知

① 《关于重庆市科技系统地方性法规立法后评估的关键制度评估报告》（重庆市人大常委会立法后评估项目小组，2014 年 9 月）评估发现，四部法规的立法具有零散性、不连贯性，一些关键制度不具有操作性，涵盖内容还不完备，缺乏关于科技服务市场、科技中介活动等方面的制度和规范。

识产权管理规范》《重庆市知识产权质押融资管理办法（试行）》《重庆市促进科技成果转化股权和分红激励实施办法》等规章制度。用知识产权战略的各种手段，支持企业开展技术引进、联合研发、投资并购和海外专利布局，开展重大经济活动知识产权风险预警和评估。

（2）完善科技金融体系

加大投资基金对研发的投入规模。在国家政策的基础上，出台更多的扶持科技金融和产业基金的政策，如对投资于重庆市区域内的科技金融机构和投资战略性新兴产业的投资基金给予进一步的税收倾斜和财政补贴等。针对企业不同发展阶段研发投入所需资金量和资金风险程度，规范使用政府产业投资股权引导基金、天使投资引导基金、风险投资引导基金，建立多层次的投资基金体系。确保现有政府产业投资股权引导基金按1∶3或1∶4比例带动社会资本。通过市场化运作，引导基金带动社会风险投资，做大科技创业风险投资引导基金规模。吸引社会资本参与天使投资，鼓励科研院所、高等院校、区县及产业园区利用自有资金与社会资本合作组建天使基金。

健全科技金融服务体系。提高资本市场对创新的投入，强化科技金融机构注册服务；创建资金募集辅助平台，定期开展募资的专项培训和交流活动；构建信息交流发布平台，强化对相关机构的信息发布、对接及辅导。支持和帮助不符合上市要求的企业在新三板挂牌，在企业并购、股权转让、回购等方面提供政策便利，鼓励科技型企业通过互联网金融等新模式融资。通过税收、财政补贴等措施，引导银行、风险投资机构、科技小额贷款公司、担保公司为科技型企业、科技创新项目提供更好的融资服务，促进多方资金投入形成合力。设立市级知识产权风险补偿金或担保基金，鼓励更多银行和更多科技型企业参与知识产权质押贷款。支持保险企业在渝创新科技保险产品，积极推广面向科技创新企业的高新技术企业产品研发责任保险、专利保险、营业中断保险、小额贷款保证保险等险种。

（3）完善科技成果转让市场体系

完善科技成果交易市场。加速推动科技成果转化和应用，需逐步完善科技成果转让市场。尽快设立科技成果转化引导基金，主要用于支持转化利用财政资金形成的科技成果，充分发挥财政资金的杠杆和引导作用，带动金融资本和民间投资向科技成果转化集聚。以“重庆联交所知识产权交易分所”为基础，建设市场化运行的知识产权交易市场，以完善生产要素市场促进战略性新兴产业的发展。建设一批科技成果转化服务中心，推动科研院所及高等院校现有工程（技术）研究中心、工程实验室、重点实验室改革体制机制，面向全社会提供科技成果转化服务，让更多科技人员用得起科研设备，让更多科研成果转化为生产力。

完善科技成果转化服务体系。集聚各类科技人力、财力、物力和成果等资源，构建统一开放、线上线下同步的科技资源共享与交易平台，实现科技资源整合、信息开放共享互动、技术成果交易以及科技金融服务无缝对接。强化科技成果转化的激励措施。利用政府采购支持专利成果转化，全市公共采购要向自主创新产品倾斜，促进自主创新产品建立先导市场。轨道交通、新能源汽车等的公共采购，应打造为新产品、新服务的展示和推广平台。重视公共采购政策与研发资助结合。

5. 加大科技研发人员投入力度

（1）加大高端创新团队的投入力度

增强创新团队对科研的投入。加快推进科研院所和高等院校科研管理体制改革，扩大科研院所和高等院校科研管理自主权，科技成果转移转化所得收入全部留归单位，纳入单位预算，处置收入不上缴国库。加快人才评价制度改革，职称政策向科技人才、企业人才倾斜。

实行职务科技成果转化激励新机制，一年内未实施转化的职务科技成果，成果完成人或团队拥有成果转化处置权。

加大高端人才的引进与培育力度。根据全市重点产业发展方向，重点引进拥有重大、关键核心技术的人才和创新创业融合性人才。发挥好“两院”院士、长江学者、“千人计划”领军人才的作用，加大“两江”学者扶持力度，积极推荐现有地方级人才升格为国家级人才。支持骨干企业与科研院所、高等院校联合培养“双师”人才，建立以企业为核心集聚创新型领军人才的机制。优化人才培养模式。鼓励高等院校和职业教育学校围绕重点产业，按照市场需求设置相关专业，调整专业结构，开办创新创业专门课程，为重点产业发展培养创新型和应用型人才。引导职业教育学校依托企业、贴近产业、坚持需求导向、突出应用，建立校企结合、产教结合的办学模式。

（2）全面激发人才的创新活力

创新动力机制设计要充分体现“人本”精神，激励创业创新者的主动性。改革束缚创业创新能动性的体制机制。增强专利成果转化的动力，完善科技成果作价入股、科技成果转化股权激励、分红激励以及相关的税收优惠等方面的政策和实施方案。全面落实《重庆市促进科技成果转化股权和分红激励实施办法》，重点增强高校、科研院所专利成果转化的动力，提高研发团队在成果转化中的收益比例。排除人才流动的障碍和壁垒，为人才发挥作用、施展才华提供足够的发展空间。积极推动股权和分红激励试点，骨干科研团队成果转化收益比例不低于50%，激发科技人员实施和转化科技成果的积极性。建立岗位绩效、技术入股、项目合作等形式多样、针对性强的人才优惠政策，构建对人才的短期激励和长效激励相结合的激励机制。充分彰显创业创新者的个人价值。创新科技人才成果收益机制，采取职务科技成果入股、科技成果折股、股权奖励等方式，对做出贡献的各类科技人员和经营管理人员实施多种方式的股权和分红激励，提高创新人才积极性。

（3）借智借力，直接融入经济发展实际

创新是智力的体现和结晶，需要不拘一格引进经济社会发展改革各方面人才，促进创新发展。大力鼓励发展院士、专家工作站，把工作站建立在区县、园区、企业工作建设一线，推动区域产业发展。制定相关政策，鼓励工作站将科研成果向产业有效转化。应像重视招商引资那样重视“招智借力”，大力推动工作站建设，作为新兴产业的发展苗床。

三、保障措施

（一）组织保障

1. 加强组织领导

创新政府研发扶持资金统筹管理机制。建立重庆市工业和科技重大创新项目资金统筹领导小组，整合市财政局、市经信委、市科委科技扶持资金，建成公开统一的政府科技管理平台，实施各类科技计划（专项、基金）整合，实现科技计划（专项、基金）设立和预算配置的统筹协调。建立无偿资助与有偿资助并行、事前资助与事后资助结合的财政科技研发资金投入机制，创新财政科研经费配置方式，积极引导银行、保险、证券、股权基金等各种要素资源投向科技创新。建立健全财政科技计划统筹协调机制，合理确定财政预算中研发投入比例，制定优化科技计划总体方案，建设统一的科技管理信息系统，分类支持技术创新和基础研究。

2. 坚持问题导向抓改革

大力推进科技成果产权制度改革。从放权、让利、搞活三个方面，明确科技成果产权制度改革的具体内容，加快推进重庆市科技成果转化股权和分红激励工作。加快研究出台知识产权质押融资改革方案。通过实施知识产权价值评估、执业保险、产权交易、收购储备、风险补偿等政策措施，推进知识产权资本化，鼓励各类金融机构开展知识产权质押融资业务。调整和优化科技计划布局，聚焦重点任务，高效配置资源，从科技研发开发活动和为“大众创业、万众创新”提供支撑两个层面，制订研究开发和科技平台两大类计划，并按照“计划+专项+项目”的方式组织实施。

3. 强化监督考核

建立财政投入协调会议制度，由市科教体制改革专项小组与市级相关部门签订投入责任书，确保责任落实。积极推动市级部门联动，对任务推进情况进行沟通、协调，加大对创新型企业发展中面临的困难和问题的协调力度。健全科研评价体系，加强和改进科技评价工作，建立和完善针对不同创新主体、不同创新活动的科技评价指标体系和第三方独立评估制度。完善科技奖励评审机制，建立职业道德监督和学术不端行为惩戒制度。完善科技成果管理和评价制度，将知识产权纳入科技成果管理体系，推行项目问责和倒查机制，规范科研项目管理和资金使用行为。

（二）要素保障

1. 加强科技资源共享服务

认真贯彻落实国务院《关于国家重大基础设施和大型科研仪器向社会开放的意见》（国发〔2014〕70号）及科技部推进实施方案，重点开展科技资源开放共享服务、在线协同创新服务和资源数据综合应用服务。重点升级重庆资源共享服务平台，整合科技人力、物力、财力和成果等科技资源，向社会开放共享。

2. 加强产业扶持

围绕重庆“6+1”传统支柱产业和十大战略性新兴产业，出台《重庆市促进企业技术创新办法》《鼓励企业加强研发投入产业转型升级的若干政策意见》及培育创客集体等政策措施，启动实施“3个1000”专项行动①，加大对企业研发投入、研发活动、研发收益等环节的支持，促进传统产业转型升级、新兴产业加快发展。大力推进十大战略性新兴产业发展，依托重庆800亿元战略性新兴产业发展引导基金，启动实施“三大产业”引导工程②，加大对战略性新兴产业项目建设和实施的扶持力度。加快实施《战略性新兴产业关键核心技术攻关计划》，加强新兴产业企业研发能力的培育和引导。

3. 强化科技金融支撑

设立30亿元研发统筹基金。统筹资金主要用于支持与战略性新兴产业、高新技术产业、全市“6+1”支柱产业发展以及特色传统产业提升相关的技术创新、产业化投资、市场开拓及公共服务平台建设。创新发展风险投资、天使投资、种子投资、融资担保、金融租赁、金融保理等科技金融服务，探索推进众筹科研模式，拓宽科技融资渠道。加快推进科技金融集团体制改革与服务创新，有效搭建技术与资本对接平台。

4. 完善科技人才保障

坚持把科技人才培养作为重要战略举措，健全体制机制，优化发展环境，建立完善人才创新创业激励机制，鼓励企业建立高端人才储

① “3个1000”专项行动是指1000家众创空间建设专项行动、1000家科技小巨人培育专项行动、1000家科技平台提升专项行动。

② “三大产业”是指先进制造业、大健康产业、互联网产业。

备库，为经济转型升级奠定坚实的人才基础。积极对接国家财税政策调整，制定出台高层次人才创新创业扶持政策，推动政策不断完善，营造良好的人才引进和培育氛围，进一步完善科技人才分类评价机制、科技人才职称评聘机制、科技人才遴选发现机制、科技人才引导合作机制，打造具有比较优势的人才政策环境。

5. 完备科技研发平台管理

按照产学研“协同创新”和科技资源“开放共享”的总体要求，坚持“需求引导、自愿申报、竞争立项、验收授牌、事前资助事后补助相结合”原则，完善科技平台的建设和管理。进一步明确科技平台的内涵及功能定位、平台类型、支持方式和运行监管，促进各类科技平台实现资源共享和协同创新，促进科技平台开放共享与协同创新、提升研究开发水平和增强服务能力。同时，积极推进产业技术研发平台组建、现有科研平台考核评估机制创新和现有科研院所改革。

（三）绩效评价

1. 完善绩效评价基础保障

建议结合市内科技、经济和社会发展的需要，从宏观上对各类R&D投入的目标和使命进行设定和明确，进而为绩效目标的设定、评价指标的选取指明方向、提供依据。对R&D投入的分类进行优化，为实施分类评价创造条件。建立R&D投入绩效评价数据采集制度，实现政府、企业、高效投入各部门之间及其与经费使用单位之间的信息共享。同时，建立市级R&D投入绩效评价信息系统，为数据收集、存储、获取、分析等提供技术支持。进一步制定或完善R&D投入绩效评价及管理的规章制度，对R&D投入绩效评价的工作程序、职责分工、评价指标和方法、绩效信息的管理与应用等做出具体规定，为建立绩效评价体系提供制度保障。

2. 完善 R&D 投入评价体系

2014 年国务院发布的《关于改进加强中央财政科研项目和资金管理的若干意见》明确提出可以采用包括“第三方评估”在内的多种方式来组织项目验收。建议借鉴国外经验，引入第三方评价机构参与 R&D 投入绩效评价；在财政科技投入评价中，政府要与第三方评价机构形成合理分工，其中第三方机构主要负责微观层面的评价，政府主要负责宏观层面的评价，同时发挥好政府的管理、监控职能。针对不同对象建立评价指标库，提高评价指标体系的灵活性。在组织 R&D 投入绩效评价时，从评价指标库中选择或添加反映被评价对象特点的指标，建立具体的评价指标体系。

3. 加强利用科研投入绩效信息

财政科技投入绩效方面，需要建立基于绩效评价的预算管理制度。将对各类被评价对象的绩效评价结果作为未来编制预算的依据。具体可借鉴英国基于科研评估（RAE）的结果来对大学分配科研经费的做法。建立对评价结果的反馈和跟踪制度。将评价结果及评价报告中发现的问题、提出的建议反馈给被评价对象，要求他们制定改进方案。改进方案和实施效果要及时向科技管理部门和财政部门报告，并作为后续决策的依据。

（四）政策保障

1. 加强科技立法

针对重庆市科技政策和地方性科技法规存在的突出问题，借鉴学习发达国家和地区有益经验，加强科技立法，为科技发展提供安全、健康的发展环境。针对重庆市科技立法存在的问题和关键性制度进行深入分析，及时修订完善已出台的科技类地方法规。对相关法规进行及时修订完善，使其发挥更好的指导性、操作性作用。加快研究出台系统性科技法规。加大调研力度，加快科技立法的调研、学习、研究和制度出台进程，构建既有机统一，又相互补充，涵盖科技发展各个重要环节和主要方面的科技系统地方性法规。加大科技普及宣传力度。通过各种渠道和各种形式，加大相关法规的宣传普及力度，真正发挥科技立法的作用。

2. 制定落实企业技术创新投入激励政策

落实企业研发费用税前加计扣除政策，改进企业研发费用计核方法，合理扩大研发费用加计扣除范围，加大企业研发设备加速折旧等政策的落实力度，激励企业加大研发投入。认真落实高新技术企业的优惠企业所得税及其他优惠税收政策。对企业自建或联合共建技术创新平台、企业入股营利性研发机构及为提升技术创新能力而进行的并购重组等活动予以贷款贴息、融资租赁等财政、金融支持和税法规定的税收减免。完善对科技企业孵化器、大学科技园等创新创业服务机构的财税持续扶持政策。列入国家和省重点新产品计划的重点新产品，经鉴定投产后，给予1～2年的适当专项资助。进一步细化和完善对创业者、中小企业创业服务机构的配套政策。加大对创业服务、创业场地设施建设的政策扶持力度，对创办小微企业者在资本金注入、税费减免、减少行政收费、创业场地的租金补贴等方面予以政策倾斜。

3. 建立多元化的科技金融政策体系

制定“1+3”的制度体系，出台《关于加快发展创业投资的若干意见》和《种子投资引导基金管理办法》《天使投资引导基金管理办法》《风险投资引导基金管理办法》，建立覆盖企业成长全过程和创新全链条的创业投资体系。通过市场化运作，扩大全市科技创新基金的规模，实施天使成长计划，支持种子期、初创期的创新型企业发展，建立科技融资担保联动机制和风险补偿分担机制，有效利用境外资本投向创新领域。支持创新企业通过资本市场融资，增加研发资金投入渠道。积极支持符合条件的科技创新型中小企业通过发行公司债券、短期融资券、中期票据、集合债券、集合票据等方式融资。启动科技担保融资、科技融资租赁、科技保险、知识产权质押贷款工作，开展股权众筹融资试点，组建重点产业领域的专业性科技投资基金，促进科技型企业及各类金融机构开展全面合作。

4. 进一步完善大众创业、万众创新的政策支撑

加快构建众创空间。全面贯彻国务院推进大众创业创新若干政策措施的意见和发展众创空间的指导意见，出台《关于发展众创空间推进大众创业万众创新的实施意见》，通过“互联网+”“创投基金”等服务模式创新，积极构建融合线上服务平台、线下孵化载体、创业辅导体系及技术与资本支撑等基本功能和具有低成本、便利化、全要素、开放式等基本特征的众创空间。

5. 完善科技成果转让市场

贯彻落实《国家中长期科学和技术发展规划纲要》，加速推动科技成果转化和应用，需逐步完善科技成果转让市场。尽快设立科技成果转化引导基金，主要用于支持转化利用财政资金形成的科技成果，充分发挥财政资金的杠杆和引导作用，带动金融资本和民间投资向科技成果转化集聚。强化科技成果转化的激励措施。完善科技成果作价入股、科技成果转化、股权激励、分红激励以及相关的税收优惠等方面的政策和实施方案，强化对技术成果产业化的信贷支持。健全科技成果转化服务体系。建立企业、高等院校和科研机构各个领域科技成果信息共享平台、科技成果转让交易平台等，完善科技成果转化机制。

附 录

附录一　重庆市工业企业 R&D 投入绩效年度报告

目　录

一、工业企业 R&D 投入情况　133

（一）工业企业 R&D 经费投入增长快、强度位居西部第一　133

（二）工业企业 R&D 活动人员投入强度西部领先　135

（三）工业企业 R&D 活动覆盖面超过西部平均水平　136

（四）大型企业、国有控股 R&D 投入力度更大　137

（五）汽车等重点行业 R&D 投入占主导，强度较大　138

二、工业企业 R&D 投入绩效情况　139

（一）工业企业 R&D 投入产出效率位居全国前列　139

（二）有效发明专利集中在大型企业、私人控股企业及重点产业　141

（三）新产品销售收入主要来自大型企业、国有控股企业以及汽车和装备制造业　142

（四）高新技术企业 R&D 投入产出效率较高　143

三、工业企业 R&D 投入存在的问题　143

（一）开展研发企业数量占比低于全国平均水平　143

（二）规上工业企业 R&D 投入强度低于发达地区　144

（三）规上工业企业 R&D 人员投入强度与发达地区差距较大　145

（四）中小企业及民营企业研发投入占比较小　145

（五）行业既有供应链对创新企业存在进入壁垒　146
四、促进工业企业 R&D 活动的对策建议　146
（一）构建引导企业加大 R&D 投入的金融环境　146
（二）强化工业企业在 R&D 活动中的主体地位　147
（三）建立完善市场导向的制度环境　148
（四）完善促进企业 R&D 投入的政策与服务环境　149

面对新一轮科技革命和全球经济发展竞争格局，创新驱动已经成为我国国家战略。重庆正大力推动创新型城市建设，创新成效在西部处于相对领先地位，通过创新促进工业转型升级也取得了明显成效，但与我国发达地区相比还存在较大差距。R&D 活动是科技活动中最具创新性的内容，是技术创新的重要主体。加强 R&D 活动，提升工业企业科技创新能力，让技术和人力资本在工业发展中发挥更大的作用，是促进全市工业转型升级，提升可持续发展能力和核心竞争力的关键。

一、工业企业 R&D 投入情况

重庆工业企业创新主体地位突出。2013 年，全市有 R&D 活动的企业数为 712 个，占全市有 R&D 活动的单位数的 80.27%；企业 R&D 经费内部支出总量为 144.54 亿元，占全市全社会 R&D 投入的 81.9%。其中工业占比最大，开展 R&D 活动的规上工业企业数量和经费内部支出占比分别为 93.82%、96.04%。

（一）工业企业 R&D 经费投入增长快、强度位居西部第一

近年来，随着对技术创新重视程度的提高，重庆企业 R&D 投入增长较快。2013 年，重庆规上工业企业 R&D 经费内部支出达 138.82 亿元，是 2009 年的 2.45 倍，2009—2013 年年均增长 25.2%。从资金来源看，企业资金投入达到 131.63 亿元，占 94.8%；政府资金 5.72 亿元，占 4.1%，企业资金主导作用明显。从经费投入强度看，重庆领

先西部。2013年，全市规上工业企业R&D经费投入占主营业务收入比重为0.89%，比2009年提高0.04个百分点，超过全国平均水平及陕西、四川等西部科技强省，重庆企业对技术创新的积极性较高，对科技成果及时转化形成了有力支撑（见图附1-1、附图1-2、附表1-1）。

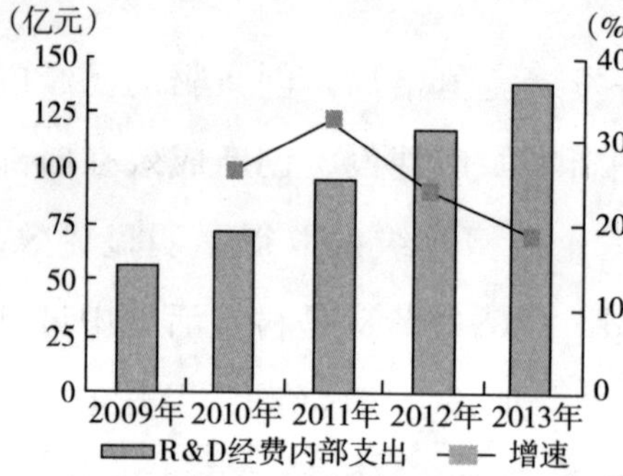

附图1-1　2009—2013年重庆市规上工业企业R&D经费内部支出及增长情况

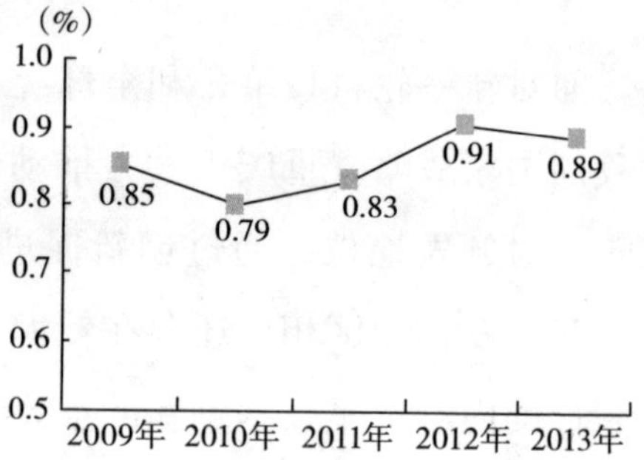

附图1-2　2009—2013年重庆市规上工业企业R&D经费投入强度变化

附表1-1　2013年重庆与西部地区其他省份规模以上工业企业R&D经费投入强度比较

地区	R&D经费内部支出（亿元）	主营业务收入（亿元）	R&D经费投入占主营业务收入比重（%）
西部地区	807.35	146707.00	0.55
四川	168.89	35767.78	0.47
陕西	140.15	18151.91	0.77
重庆	138.82	15305.15	0.89
广西	81.71	17088.61	0.48
贵州	34.25	7291.40	0.47
云南	45.43	9980.93	0.46
西藏	0.46	98.1	0.47
甘肃	40.07	8580.15	0.47
青海	8.95	2089.36	0.43
宁夏	16.75	3445.78	0.49
新疆	31.43	8718.80	0.36
内蒙古	100.44	20189.02	0.50

（二）工业企业R&D活动人员投入强度西部领先

通过大力实施企业人才引进培养战略，重庆工业企业R&D活动人员投入呈现稳定较快增长。2013年全市规模以上工业企业R&D人员全时当量达到36605人·年，比2009年增长62.3%，2009—2013年年均增长12.9%。从工业企业R&D活动人员投入强度来看，2013年规模以上企业每万人口从事R&D活动人员数、全时当量分别为18.1人、12.3人·年，超过陕西和四川，处于西部领先水平，表明重庆企业研发活跃，创新动力相对较强（见附图1－3、附表1－2）。

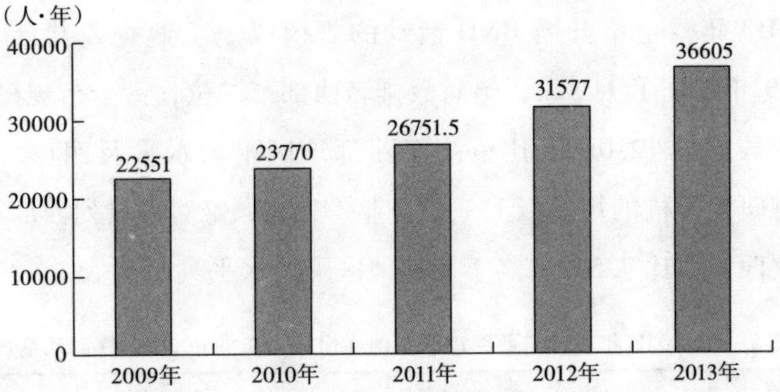

附图1－3　2009—2013年重庆市规模以上工业R&D人员全时当量变化情况

附表1－2　2013年重庆与西部地区其他省份规模以上工业企业R&D活动人员投入强度比较

地区	R&D人员（人）	R&D人员全时当量（人·年）	每万人口从事R&D人员数（人）	每万人口R&D人员全时当量（人·年）
西部地区	355183	242188	9.8	6.7
重庆	53781	36605	18.1	12.3
四川	92424	58148	11.4	7.2
陕西	67210	45809	17.9	12.2
广西	30205	20700	6.4	4.4
贵州	20026	16049	5.7	4.6
云南	20323	11811	4.3	2.5

续表

地区	R&D 人员（人）	R&D 人员全时当量（人·年）	每万人口从事 R&D 人员数（人）	每万人口 R&D 人员全时当量（人·年）
西藏	228	81	0.8	0.3
甘肃	17565	12472	6.8	4.8
青海	2940	2039	5.1	3.5
宁夏	8638	4817	13.2	7.4
新疆	9633	6668	4.9	3.4
内蒙古	32210	26990	12.9	10.8

（三）工业企业 R&D 活动覆盖面超过西部平均水平

2013 年，全市开展 R&D 活动的规模以上工业企业共计 668 家，比 2009 年增加了 119 家，绝对数排名西部第二位，占全市规模以上工业企业数量的 12.0%，比重高于西部地区平均水平及四川，列第四位。有研发机构的规模以上工业企业 417 家，绝对数量列西部第二位，超过陕西；占比 7.5%，高于西部地区平均水平（见附表 1-3）。

附表 1-3　2013 年重庆与西部地区其他省份规上工业企业 R&D 活动情况比较

地区	企业数	有研发机构的企业数	占比（%）	有 R&D 活动的企业数	占比（%）
西部地区	46176	2851	6.2	3967	8.6
重庆	5559	417	7.5	668	12.0
四川	13001	700	5.4	819	6.3
陕西	4751	382	8.0	574	12.1
广西	5488	331	6.0	456	8.3
贵州	3590	124	3.5	179	5.0
云南	3537	279	7.9	394	11.1
西藏	76	6	7.9	9	11.8
甘肃	1981	182	9.2	291	14.7
青海	521	25	4.8	40	7.7
宁夏	1044	113	10.8	127	12.2

续表

地区	企业数	#有研发机构的企业数	占比（%）	#有 R&D 活动的企业数	占比（%）
新疆	2224	124	5.6	152	6.8
内蒙古	4404	168	3.81	258	5.86

（四）大型企业、国有控股 R&D 投入力度更大

大型企业、国有控股投入总量最多。从企业属地看，2013 年，在渝央企 R&D 投入 43.3 亿元，地方企业 95.6 亿元，占比分别为 31.2% 和 68.8%，地方企业研发投入占比大。从企业规模来看，大型企业 R&D 投入 96.71 亿元，占比为 69.67%；中型企业 27.25 亿元，占比为 19.63%；小型企业 14.85 亿元，占比为 10.70%，大型企业研发投入更多。从企业性质来看，国有控股企业 R&D 投入为 72.87 亿元，占 52.49%，列第一；私人控股企业为 50.75 亿元，占比为 36.56%，仅次于国有控股企业（见附图 1-4）。

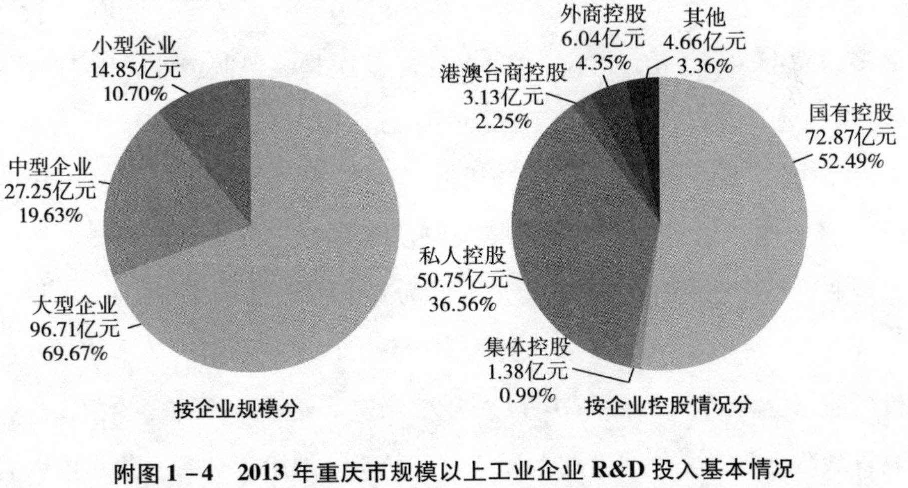

附图 1-4　2013 年重庆市规模以上工业企业 R&D 投入基本情况

大型企业、国有控股企业投入强度最大。从企业规模看，大型企业投入强度较高，为 1.28%，其次为中型企业 0.69%，小型企业仅为

0.37%。从企业性质看，国有控股企业投入强度最高，达到1.64%，集体控股为0.91%，私人控股为0.65%，港澳台商控股为0.25%，外商控股为0.43%，其他为0.94%（见附图1-5）。

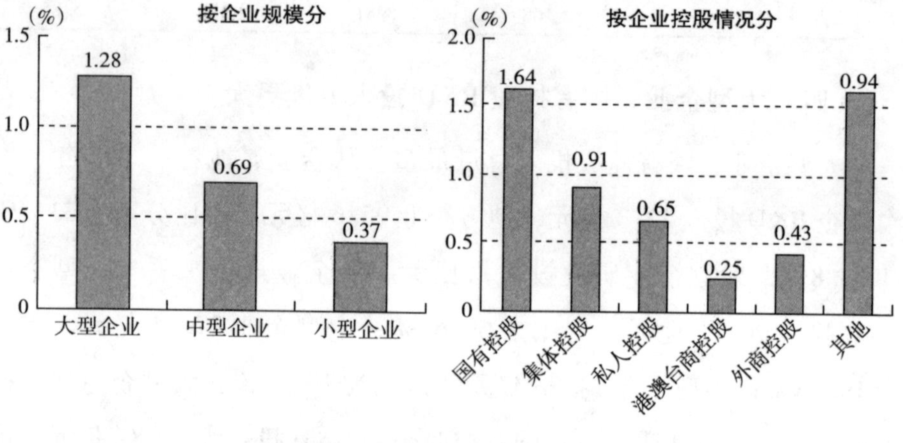

附图1-5　2013年重庆市规模以上工业企业R&D投入强度情况

（五）汽车等重点行业R&D投入占主导，强度较大

按照全市“6+1”支柱产业分类看，2013年，汽车工业R&D投入最多，为48.01亿元，占比为34.46%。其次是装备制造业，R&D投入29.75亿元，占21.97%。化工医药列第三，R&D投入17.74亿元，占比为13.10%。其余依次是：材料行业，R&D投入16.42亿元，占比为12.12%；电子信息工业，R&D投入11.18亿元，占比为8.26%；消费品行业，R&D投入10.96亿元，占比为8.10%；能源工业，R&D投入1.34亿元，占比为0.99%。从投入强度看，汽车、化工医药、装备制造排名前三位。汽车工业R&D投入强度最高，达到1.54%，化工医药、装备制造行业强度分别达到1.52%、1.25%，列第二、第三位。可以看出，重庆传统支柱行业的研发投入、技术创新动力较强，是其增强持续竞争力、不断做大做强的支撑所在（见附图1-6、附图1-7）。

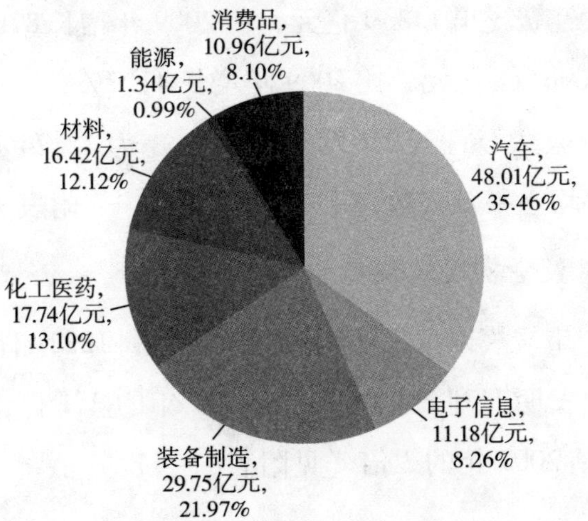

附图 1-6　2013 年重庆规上企业 R&D 投入产业分布

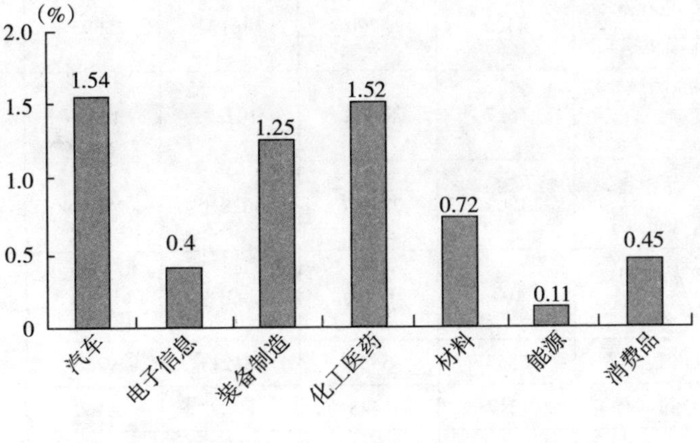

附图 1-7　重庆“6+1”产业 2013 年 R&D 投入强度比较

二、工业企业 R&D 投入绩效情况

(一) 工业企业 R&D 投入产出效率位居全国前列

1. 新产品开发项目数及经费支出稳定增长

2013 年，重庆市新产品开发项目数 6820 项，比 2009 年增长 2440

项；新产品开发经费支出143.9亿元，比2009年增长87.7%，实现新产品销售收入2696.11亿元，比2009年增长41.7%；新产品研发产出比（新产品销售收入/新产品开发经费支出）为18.74%，仅低于天津，高于全国平均水平及多数省市（见附表1－4、附表1－5）。

2. 专利申请数量实现较快增长

2013年，全市规模以上工业企业共申请专利12221件，是2009年的2.2倍；其中发明专利2509件，是2009年的2.1倍，有效发明专利数4792件，是2009年的3倍（见附表1－4）。

附表1－4　2009—2013年重庆市规模以上工业企业科技产出情况

指标		2009年	2010年	2011年	2012年	2013年
新产品开发及生产情况	新产品开发项目数（项）	4380	3790	4612	5693	6820
	新产品开发经费支出（亿元）	76.7	88.91	107.3	126.6	143.9
	新产品销售收入（亿元）	1903	2740.6	3028.0	2429.9	2696.1
	新产品出口（亿元）	103	127.5	392.8	156.1	134.5
专利情况	专利申请数（件）	5567	5552	8121	9784	12221
	发明专利（件）	1217	1445	2089	2460	2509
	有效发明专利数（件）	1584	2174	2532	3714	4792

附表1－5　2013年重庆及部分省市规模以上工业企业新产品开发销售情况

地区	新产品开发经费支出（亿元）	新产品销售收入（亿元）	新产品销售收入/新产品开发经费支出（%）
全国	9246.74	128460.69	13.89
东部地区	6465.19	90341.31	13.97
中部地区	1415.16	22259.84	15.73

续表

地区	新产品开发经费支出（亿元）	新产品销售收入（亿元）	新产品销售收入/新产品开发经费支出（%）
西部地区	877.96	10480.67	11.94
东北地区	488.42	5378.87	11.01
北京	293.19	3672.77	12.53
天津	245.96	5569.69	22.64
上海	528.26	7688.38	14.55
江苏	1669.32	19714.21	11.81
广东	1406.57	18013.74	12.81
重庆	143.86	2696.11	18.74
四川	213.58	2475.88	11.59
陕西	179.98	1015.48	5.64

（二）有效发明专利集中在大型企业、私人控股企业及重点产业

有效发明专利的分布与R&D投入密切相关，一般投入越大，有效发明专利越多。从重庆R&D投入产生的效果来看，大型企业获得的有效发明专利占比最大，达到52.4%；私人控股企业占比最大，为51.5%；分产业看，汽车和装备制造业占比相对较大，分别为24.1%和29.5%（见附图1－8）。

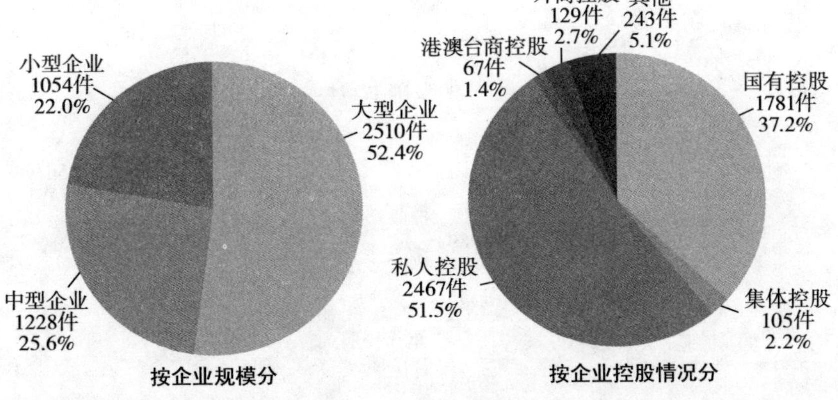

附图1－8 2013年重庆市规模以上工业企业有效发明专利数分布情况

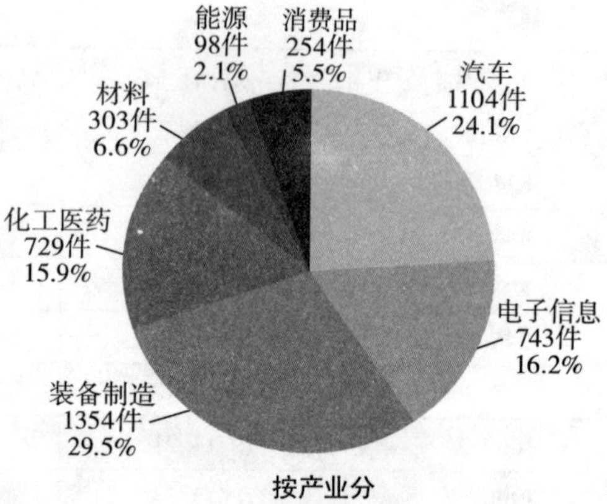

附图1－8　2013年重庆市规模以上工业企业有效发明专利数分布情况（续）

（三）新产品销售收入主要来自大型企业、国有控股企业以及汽车和装备制造业

新产品销售收入与R&D投入相关性也比较强。从重庆R&D投入产生的效果来看，大型企业新产品销售收入占比最大，达到75.3%；在各种所有制类型中，国有控股企业占比最大，达到56.9%；在“6＋1”支柱产业中，汽车产业实现新产品销售收入最多，达到1313.61亿元，占全市的49.6%，其次为装备制造业，实现466.83亿元，占比为17.6%（见附图1－9）。

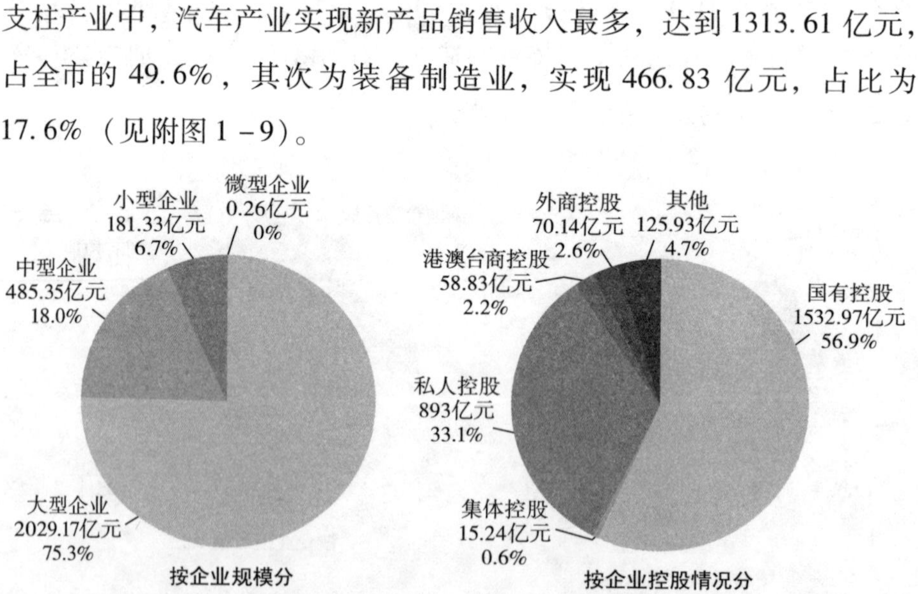

附图1－9　重庆规上工业企业2013年新产品销售收入情况

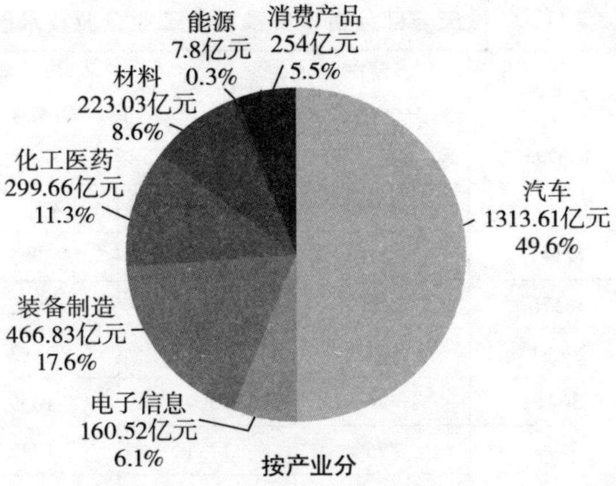

附图1－9　重庆规上工业企业2013年新产品销售收入情况（续）

（四）高新技术企业R&D投入产出效率较高

从投入看，规模以上工业中，高新技术企业R&D投入71.05亿元，占51.2%；研发投入强度达到2.56%。从产出看，高新技术企业拥有的有效发明专利数占全市的71.5%；实现新产品销售收入1135.96亿元，占全市的42.1%。

三、工业企业R&D投入存在的问题

（一）开展研发企业数量占比低于全国平均水平

尽管重庆开展研发活动的企业数量及比重领先西部，但与发达省市相比，差距较大。2013年，全市规上工业企业中开展R&D活动的企业数占比12.0%，低于全国平均水平（14.8%）和北京、天津、上海、江苏、广东以及临近的陕西等省市水平；有研发机构的规上工业企业数量占比为7.5%，低于全国平均水平（11.6%）及北京、天津、江苏等地（见附表1－6）。

附表 1-6　2013 年重庆与部分省市规模以上工业企业技术创新基本情况

地区	企业数	有研发机构的企业数	占比（%）	有 R&D 活动的企业数	占比（%）
全国	369741	43055	11.6	54832	14.8
东部地区	219383	33036	15.1	40199	18.3
中部地区	77111	6201	8.0	8983	11.6
西部地区	46176	2851	6.2	3967	8.6
东北地区	27071	967	3.6	1683	6.2
北京	3641	498	13.7	1059	29.1
天津	5499	775	14.1	1732	31.5
上海	9796	725	7.4	1661	17.0
江苏	48771	15775	32.3	12283	25.2
广东	41181	2692	6.5	5691	13.8
重庆	5559	417	7.5	668	12.0
四川	13001	700	5.4	819	6.3
陕西	4751	382	8.0	574	12.1

（二）规上工业企业 R&D 投入强度低于发达地区

2013 年，全市规模以上工业企业 R&D 经费投入占主营业务收入比重为 0.89%，略高于全国 0.80% 的平均水平，但明显低于北京、上海、天津、广东、江苏等东部沿海发达地区，更远远低于主要发达国家大企业 5% ~8% 甚至更高的 R&D 投入强度水平（见表附 1-7）。

附表 1-7　2013 年重庆及部分省市规模以上工业企业 R&D 经费投入强度比较

地区	R&D 经费内部支出（亿元）	主营业务收入（亿元）	R&D 经费投入占主营业务收入比重（%）
全国	8318.40	1037289.35	0.80
北京	213.06	18688.63	1.14
天津	300.04	26803.32	1.12
上海	404.78	34273.60	1.18
江苏	1239.57	133471.32	0.93
广东	1237.48	106319.52	1.16
重庆	138.82	15305.15	0.89

（三）规上工业企业R&D人员投入强度与发达地区差距较大

由于重庆地处西部内陆，与东部发达地区相比，企业对创新人才的吸引力还不足。2013年，重庆每万人口工业企业R&D人员数仅是北京、天津、上海、江苏、广东的48.3%、28.1%、37.4%、28.1%、36.3%；每万人口工业企业R&D人员全时当量仅是北京、天津、上海、江苏、广东的44.9%、26.2%、32.3%、24.8%、30.7%，重庆工业企业创新人才引进与培养还需要进一步加强。同时，由于国企实行工资总额限制的薪酬制度政策，加之人才使用和评价机制不健全，考核评价体系尚未建立等，重庆企业创新等高端人才流失严重，成为制约企业创新的重要影响因素（见附表1－8）。

附表1－8　2013年重庆与部分省市规模以上工业企业R&D活动人员投入强度比较

地区	R&D人员（人）	R&D人员全时当量（人·年）	每万人口R&D人员数（人）	每万人口R&D人员全时当量（人·年）
北京	79368	58036	37.5	27.4
天津	93313	68175	64.4	47.0
上海	116806	92136	48.4	38.1
江苏	510930	393942	64.4	49.6
广东	530551	426330	49.8	40.1
重庆	53781	36605	18.1	12.3

（四）中小企业及民营企业研发投入占比较小

重庆中小企业及民营企业数量在全市中的占比较大，但研发投入占比较小。2013年，重庆中小企业R&D经费投入占全市工业企业研发投入比重仅为30.3%，投入强度明显低于大型企业；私人控股企业研发投入占总额的36.6%，投入强度不到国有控股企业的一半。在国内外宏观经济面临下行压力背景下，中小民营企业研发投入的资金保证难度加大。

（五）行业既有供应链对创新企业存在进入壁垒

由于既有的产业配套体系较为完善，创新企业进入较难。如石墨烯新材料可以应用到相应汽车零部件上，但是其研发推广应用却难以实现，原因在于原有整车厂商已经有成熟的配套厂家，如果整车厂商不推动新材料应用，零部件生产厂家难以自行研发生产，对于新涉足零部件生产的厂商形成挑战。同时，由于知识产权相关法律法规不完善及执行力度不大，一些专利和产品很容易被模仿制造，影响企业技术创新积极性。

四、促进工业企业 R&D 活动的对策建议

（一）构建引导企业加大 R&D 投入的金融环境

1. 以产业发展基金引导企业加大研发投入

产业发展扶持基金着力于工业、农业、现代服务业、科技、文化、旅游等六大产业和领域，每年注入 25 亿元母基金，到 2017 年达 100 亿元母基金，撬动 300 亿元以上的投资规模。重庆产业引导股权投资基金管理公司（即母基金公司）下设 6 个子基金公司。产业引导基金与通过公开招标确定的私募投资基金管理人合作，分别设立私募投资基金性质的专项基金。引导基金与其他出资人的资金同步到位，共享收益，共担风险。

推动战略性新兴产业股权投资基金市场化运作，以股权或“股权 + 债权”等方式更多引入社会资本共同参与，以引导投资方式推进全市十大战略性新兴产业的重大项目引进、重大科技成果转化、企业并购重组等项目实施。专项子基金实行专业化管理，按市场规则运作所有权、管理权、托管权分离，以及基金设立、投资、管理、退出等。

2. 推进科技金融服务体系改革

加快出台并完善创业投资的若干意见，组建创业种子投资引导基金、天使投资引导基金、风险投资引导基金，形成覆盖创业型企业特别是科技型中小微企业从种子期、初创期到成长期不同发展阶段融资需求的创业投资体系，吸引社会资本加入到企业研发中去，帮助企业破解技术创新的融资难题，通过科技金融吸引社会资本加入，带动形成60亿~80亿元的投资规模，以资本投入的形式加速企业进行科技研发，增加企业对科研活动的投入。

鼓励基金管理公司加强增值服务，在发现企业投资价值基础上创造价值，共同推进企业创新。同时，创新发展融资担保、金融租赁、金融保理等，完善科技金融服务体系，探索推行众筹科研模式，拓展科技投融资渠道。

3. 创新多元融资方式鼓励企业创新

宣传推广《知识产权质押融资改革方案》，继续推进探索知识产权质押融资改革，盘活无形资产资源，助推创新创业。支持创新企业通过资本市场融资。

积极支持基金公司、上市公司，投资收购科技创新型小微企业的小创新、小发明等专利收购。推动有条件企业IPO上市或通过增资扩股购买创新成果，推动产品结构优化升级，扩大市场份额。

（二）强化工业企业在R&D活动中的主体地位

1. 大力推进企业研发机构建设

大力推进企业研发机构建设，加快形成一批具有产业引领带动作用的企业研发机构，争取在全市重点“6+1”行业龙头骨干企业中，筛选20家左右重点扶持的企业研究院，加强对这些企业研究院的产学、产研以及国际合作项目的支持和指导，培育一批具有示范效应、引领效应、国际一流的企业研发中心和企业研究院。

2. 加快培育和发展具有持续创新能力的创新型企业和科技型中小企业

针对重庆市中小企业及民营企业R&D投入占比较小的问题，在传统重点产业基础上，重点围绕战略性新兴产业，引导以产业链为纽带的一批中小企业，加快建立以企业为主体、市场为导向、产学研相结合的技术创新体系，加快建设一批产学研结合的创新联盟。

鼓励和支持企业从制造环节向核心技术研发环节拓展，自主设计和研究开发具有自主知识产权的新产品、新技术、新工艺，提高技术集成能力，使企业真正成为技术创新决策、研发投入、技术开发、成果转化、风险承担和创新受益的主体。

3. 引导创新要素加快向企业集聚

支持工业企业引进掌握核心技术、具有持续研发能力，并能实施重要产业化项目的海外高端专业技术人才、海外高级工程师和科技创新团队。

对民营企业引进符合条件的国际一流科技创新团队，给予不低于100万元的支持；对引进市外具有国内顶尖水平的科技创新团队，给予不低于50万元的支持。

研究落实促进高等院校、科研院所、事业单位科技人才向企业柔性流动的机制和办法，引导高校毕业生尤其是博士生、硕士生到企业工作。

（三）建立完善市场导向的制度环境

1. 健全企业技术创新市场导向机制

市级科技管理部门发挥牵头作用，健全企业技术创新激励机制，充分发挥市场对技术研发方向、路线选择、要素价格、各类创新要素的导向作用，促进企业改善研发条件，形成不断加大研发投入的良性机制。

2. 转变国企管理及考核方式

针对由于考核机制的不完善影响企业创新积极性及创新人才使用问题，应进一步优化国企的考核机制，全面贯彻落实《关于强化企业技术创新主体地位全面提升企业创新能力的意见》（国办发〔2013〕8号），建立健全国有企业技术创新的经营业绩考核制度，落实和完善国有企业研发投入视同利润的考核措施，加强对不同行业研发投入和产出的分类考核。

3. 完善知识产权制度环境

加强知识产权创造、运用、保护和管理。围绕全市完善知识产权保护相关法律，研究降低侵权行为追究刑事责任门槛，调整损害赔偿标准，探索实施惩罚性赔偿制度。

完善商业秘密保护法律制度，明确商业秘密和侵权行为界定，研究制定相应保护措施，探索建立诉前保护制度。研究商业模式等新形态创新成果的知识产权保护办法。完善知识产权审判工作机制，发挥两江新区知识产权法庭的积极作用，加大对知识产权的保护和侵权查处力度。

创新企业知识产权合作机制，如搭建重庆市企业知识产权保护促进会与德国亨嘉国际有限公司的合作机制，推动双方在德国设立“中国（重庆）知识产权服务中心”，帮助重庆以及中国境内企业在德国和欧洲地区保护和利用知识产权，减少和规避知识产权法律风险，增强与国外机构的合作交流。

（四）完善促进企业R&D投入的政策与服务环境

1. 切实落实国家激励创新政策

认真学习并全面落实《中共中央国务院关于深化体制机制改革加快

实施创新驱动发展战略的若干意见》，结合重庆实际，出台重庆市相应的加快实施创新驱动发展战略的实施细则，切实发挥市场竞争激励创新的根本性作用，营造公平、开放、透明的市场环境，强化竞争政策和产业政策对创新的引导，促进优胜劣汰，增强市场主体创新动力。

2. 制定激励企业创新的优惠政策

重点从财政、税收等方面结合重庆经济发展和重点产业发展实际，制定激励研发投入的扶持政策。对积极投入的高新技术企业，在科技基础设施建设、人才培养、重大科技专项、能力建设计划等科技计划中予以倾斜；有重点地实施研发费用加计扣除政策、新产品奖励政策、高新技术企业所得税减按15%征收、高新技术企业生产性用房城市建设配套费减免、所得税地方留成部分按一定比例返还企业作为财政奖励、企业自主创新产品政府采购等扶持政策。

3. 完善企业研发创新的服务环境

构建引导企业研发投入的服务平台与环境。围绕全市十大战略性新兴产业和重点产品方向，整合各方资源，构建全球相关产业的知识产权地图，提供技术服务体系，为企业创新提供及时有效的创新方向指引，最大限度减少企业获取相关信息成本及创新成本。

4. 建立企业研发投入统计监测与考核机制

市科技部门会同统计部门将企业研发投入纳入全市统计指标体系，明确统计范围、调查体系、部门分工，并建立企业研发投入定期发布制度。完善国有企业技术创新的经营业绩考核制度，明确研发投入视同利润的口径和范围，落实和完善国有企业研发投入视同利润的考核措施。

附录二　重庆 R&D 投入与经济增长率相关性分析

目　录

一、R&D 投入与经济增长相关理论概述　152

二、重庆市 R&D 投入与经济增长现状分析　153

（一）重庆市 R&D 投入现状　153

（二）重庆市 R&D 投入与经济增长关系分析　154

三、重庆市 R&D 投入与经济增长关系的刻画指标　155

（一）重庆 R&D 投入弹性系数测算　156

（二）重庆科技进步贡献率测算　157

（三）相关结论　158

四、对策建议　159

（一）多渠道加大 R&D 投入强度　159

（二）加快建设科技转化平台　160

（三）注重研发经费的使用效率　160

在经济社会发展全面转型，寻求新的经济增长动力的背景下，创新驱动发展已上升为国家战略，科技创新、科技进步成为经济增长的首要因素。研究与试验发展（R&D，简称研发）是科技创新活动的核心，研发投入对提升创新实力起着关键性作用。因此，加大R&D投入努力提高本地区的科技水平，有利于促进经济增长、提高增长质量。随着《重庆市创新驱动发展战略实施方案》的实施，分析研究重庆R&D投入与经济增长的相互关系，以及两者之间关系的衡量指标，对于促进重庆科技进步和经济增长具有重要的现实意义。

一、R&D投入与经济增长相关理论概述

自新古典经济增长理论开始关注技术进步，新经济增长理论将技术进步内生化，再到熊彼特创新理论，越来越明确地指出技术创新对经济增长具有促进作用。

新古典经济增长理论认为技术进步是经济长期、稳定、均衡增长的决定性因素和最根本的原因，最早肯定了技术进步对经济增长的决定性影响，但仅把技术进步看作外生变量。

新经济增长理论最先将知识（或科技进步）和人力资本内生化，强调它们对经济增长的作用，认为知识积累、技术创新和专业化的人力资本在使自己的收益递增的同时也使得其他投入的收益递增，从而使经济增长动态化。

熊彼特创新理论认为经济的根本现象是创新而不是均衡，创新是经济发展的动力，技术创新与经济增长密不可分，技术创新的实现过程就是经济增长的过程。

二、重庆市 R&D 投入与经济增长现状分析

(一) 重庆市 R&D 投入现状

自重庆市被设立为直辖市以来，特别是党的十八大以来，全市深入贯彻落实创新驱动发展战略，大力推进“科教兴渝”，全社会 R&D 投入规模快速增长、经费结构持续优化、投入产出稳步增加，支撑全市创新能力不断提升。

1. R&D 投入规模快速增长

2013 年重庆 R&D 投入达到 176. 49 亿元，在全国的排名从 2006 年的第 19 位上升到第 17 位，西部排名继续保持第 3 位；年均增长达到 24. 5%，较全国、西部平均水平分别快 2. 8 个、2. 7 个百分点。同时，全市 R&D 投入占 GDP 比重（R&D 投入强度）达到 1. 39%，较 2006 年提高 0. 42 个百分点，全国排位上升两位至第 14 位，稳居西部第三，且占比与前两名（陕西、四川）的差距逐步缩小（见附图 2 – 1）。

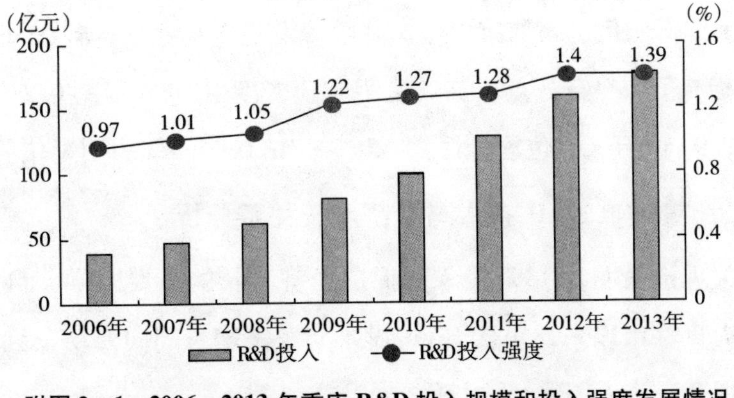

附图 2 – 1　2006—2013 年重庆 R&D 投入规模和投入强度发展情况

2. R&D 经费结构持续优化

伴随重庆企业技术创新意识不断增强，企业自主创新活动蓬勃发展，推动全市 R&D 经费结构不断优化。

从经费来源来看，R&D 投入模式从政府主导向企业主导转型发展，企业 R&D 资金占比由 2006 年的 76.6% 提升至 2013 年的 82.3%，明显高于全国以及西部平均水平。

从执行部门来看，企业的主导地位进一步提高，2013 年企业经费占比达到 81.8%，较 2006 年提高约 4 个百分点；科研机构经费增速最快，2006—2013 年年均增速达到 28.3%。

从研究类型来看，研究结构继续向试验发展阶段集中，2013 年试验发展经费占比上升至 87.0%，排名全国第八、西部第一；基础研究经费年均增速达到 30.6%，分别高于应用研究和试验发展 10.6 个和 5.8 个百分点。

3. R&D 投入产出能力增强

伴随重庆知识产权保护长效机制建设积极推进，产业专利促进计划加快实施，知识产权服务大力发展等，全市科技创新氛围良好，专利申请数量和质量实现“双提升”。2013 年全市申请专利 49036 件，排在全国第十四位、西部第三位。其中，发明专利占比达到 25.6%，较 2006 年提高了 7 个百分点；有效发明专利密度由 2006 年的 0.2 件/万人上升到 2.9 件/万人，位居全国第 15 位，R&D 产出能力明显增强。

（二）重庆市 R&D 投入与经济增长关系分析

相关理论表明，R&D 投入是促进经济增长的重要因素。自重庆市被设立为直辖市以来，重庆 R&D 投入与经济增长同向变动，且增速快于经济增速，占 GDP 比重也随之提升。

1. R&D 投入增速快于经济增速

在创新驱动、科教兴渝等战略实施下，全市 R&D 投入与 GDP 同方向增长，但就增速而言前者明显高于后者。通过简单数据模拟，自重庆被设立为直辖市以来，其 R&D 投入与 GDP 总量线性相关系数高达 0.997，即存在高度正相关。从增速来看，全市 R&D 投入年均名义增长 24.3%，明显高于 12.9% 的全市经济年均名义增速。就年度增速来看，除个别年份以外，全市 R&D 经费投入增速均高于经济增长速度，总体来看，R&D 投入增速较快。

2. R&D 占 GDP 比重不断提升

重庆 R&D 投入占 GDP 比重（即 R&D 投入强度）变化趋势与全国一致，呈逐年上升态势。自重庆市被设立为直辖市以来，全市 R&D 投入占 GDP 比重提升了 1 个多百分点，即从 1998 年的 0.33% 上升至 2013 年的 1.39%。总体来看，重庆 R&D 投入强度大体呈现逐年上升态势，与全国 R&D 投入强度走势基本一致（见附图 2－2）。

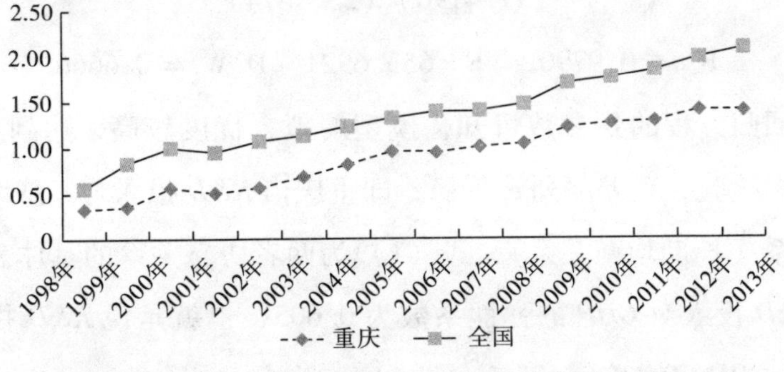

附图 2－2 1998 年以来重庆与全国 R&D 投入占比变化图

三、重庆市 R&D 投入与经济增长关系的刻画指标

为了深入分析重庆 R&D 投入与经济增长的关系，得到两者之间更

为明确的数量关系，本研究拟采用R&D投入弹性系数与科技进步贡献率两大指标来刻画。

（一）重庆R&D投入弹性系数测算

R&D投入弹性系数是指R&D投入增长对经济增长的弹性作用，表明R&D投入每增长一个百分点能带动经济增长多少个百分点。对于重庆R&D投入弹性系数的测算，本研究采用应用较广泛的协整关系分析法，即建立VAR模型与采用Granger因果检验，进行实证研究与分析；并选取了1998—2013年重庆市地区生产总值（GDP）作为衡量经济增长的被解释变量，同期的重庆市研发与试验发展经费内部支出作为解释变量，样本数据共16个。

首先作ADF平稳性检验，结果表明lnGDP和lnR&D[①]都是二阶单整序列，因此可进一步检验变量之间的协整关系。

其次由ln*GDP*对ln*R&D*作回归的OLS估计，得回归方程：

$$\ln GDP_t = 6.1887 + 0.6047 \ln R\&D_t \quad (1)$$

（71.4196）（25.5674）

$R^2 = 0.9790$　　F = 653.6921　　D. W. = 0.6666

由回归方程的各参数可知，模型的拟合优度较高，达到97.9%。经单位根检验，残差序列e_t平稳，即重庆市*R&D*投入与经济增长存在协整关系（长期均衡关系），式（1）为两者协整关系的具体表达。即重庆*R&D*投入对*GDP*的弹性系数为0.605，也就是说*R&D*投入每增长1%，*GDP*将增长0.605%。

最后作Granger因果关系检验，结果表明在1年与2年滞后期，*R&D*投入均是经济增长的Granger原因，两者之间的长期均衡关系构

① ln*GDP*和ln*R&D*分别为不变价的GDP和R&D投入的自然对数。

成因果关系，即 *R&D* 投入变化能够引起 *GDP* 的变化。

（二）重庆科技进步贡献率测算

科技进步贡献率是指科技进步对经济增长的贡献份额，是衡量区域科技竞争实力、科技转化为现实生产力的综合性指标。一般认为，如果科技进步对经济增长的贡献率超过劳动力投入和资本投入的总和，即该指标大于50%，就可以认为该国家或地区已经进入集约型经济增长阶段。

对于科技进步贡献率的测算，主要采用生产函数法。这是目前国内外理论界广泛采用的一种方法，如 Solow 生产函数法、生产函数模拟法等，本研究拟采用 Solow 生产函数法。一般根据 C－D 生产函数得出科技进步速率方程：

$$Y = A + \alpha \times K + \beta \times L \tag{2}$$

式（2）中，Y 为产出年均增长速度，A 为科技进步年均增长速度，K 为资本年均增长速度，L 为劳动平均增长速度，α 为资本产出弹性，β 为劳动产出弹性。令：

$$E = \frac{A}{Y} \times 100\% \tag{3}$$

即为科技进步贡献率。

本研究以重庆 GDP 总量、资本存量和劳动力就业人数的历史数据为基础，对 Solow 生产函数的参数进行估计，得如下回归方程：

$$\ln(GDP) = 0.06T + 0.47\ln(K) + 0.45\ln(L) \tag{4}$$

(2.7)　　　(2.7)　　　(2.5)

式（4）中，*GDP* 为不变价，K 为资本存量，L 为劳动力就业人数，T 为时间趋势变量，括号中的数据为 t 统计量。估计结果表明，全要素生产率（TFP）的平均贡献度为6%，而 1998—2013 年重庆经济年均增速为12.3%，则根据式（3）可计算出重庆直辖以来科技进步平均贡献率为48.8%，低于50%；且历年的科技进步贡献率基本处于50%以下，表明重庆还未进入集约型经济增长阶段。但自2013年以来，重庆科技进步贡献率有回升苗头，从35.8%的历史低点逐步上升至2014年的40%左右，即近两年重庆科技进步对经济增长的贡献在逐渐增大（见附表2-1)。

附表2-1　直辖以来重庆历年科技进步贡献率测算值

年份	GDP增速（%）	TFP贡献度（%）	科技进步贡献率（%）
1998	8.6	3.9	45.3
1999	7.8	3.0	38.3
2000	8.7	4.3	49.8
2001	9.2	4.3	47.0
2002	10.5	5.3	50.0
2003	11.7	5.4	46.5
2004	12.4	5.2	41.8
2005	11.7	4.3	36.4
2006	12.4	4.7	37.7
2007	15.9	7.6	48.1
2008	14.5	6.2	42.5
2009	14.9	6.4	42.9
2010	17.1	8.2	48.0
2011	16.4	6.8	41.2
2012	13.6	4.9	35.8
2013	12.3	4.5	36.9
2014	10.9	4.3	39.8

（三）相关结论

通过对重庆R&D投入弹性系数与科技进步贡献率的测算，可以得出以下两点结论。

1. 重庆 R&D 投入对经济增长拉动作用较大但具有滞后性

重庆 R&D 投入对 GDP 的弹性系数为 0.605，也就是说 R&D 投入每增长 1%，GDP 将增长 0.605%，加之 R&D 投入与经济增长的长期均衡关系构成因果关系，表明重庆 R&D 投入对经济增长的拉动作用是存在的，且较显著。但存在 1~2 年的滞后期，是由于 R&D 投入主要用于基础研究、前沿技术研究和重大共性关键技术研究等公共科技活动，转化过程中的周期一般较长，导致了 R&D 投入对经济增长的作用具有一定的滞后性。

2. 重庆科技进步贡献率相对较低

经测算，重庆直辖以来科技进步平均贡献率为 48.8%，且 2013 年的科技进步贡献率仅为 40% 左右，低于 50%。即重庆科技进步对经济增长的贡献率尚未超过劳动力投入和资本投入的综合，表明重庆还未进入集约型经济增长阶段。这与重庆 R&D 投入相对较少有关，虽然重庆 R&D 投入占比总体呈现提升趋势，但占比一直低于全国平均水平，且 2013 年还小幅回落 0.1 个百分点，这也是 2013 年科技进步贡献率低于历史平均水平的主要原因。

四、对策建议

（一）多渠道加大 R&D 投入强度

鉴于重庆 R&D 投入与经济增长之间存在较强的相关关系，为促进经济增长，应多渠道加大 R&D 投入。

一是加大政府资金投入。强化政策导向，构建鼓励国有企业加大研发投入、支持高新技术企业重点科技计划的财税政策体系，逐步提高市级财政科学技术经费投入总体水平，完善财政 R&D 投入监管监督制度。

二是着力扩大企业研发投入规模。大力发展科技金融、产业引导基金等，引导企业研发投入。建立健全企业技术创新市场导向机制，完善促进企业研发投入的政策与服务环境。

三是促进高研院所加大研发投入。建立公益性科研院所财政稳定支持机制，改革职称评价机制，支持教师转化和推广科研成果。采取税收优惠、政府购买服务、科技成果奖励等方式引导转（改）制类院所加大 R&D 投入。

（二）加快建设科技转化平台

针对目前全市存在的研发成果多，实际转化率低，导致科技进步贡献率相对较低的现象，应加快建设科技转化平台，提高科技转化效率。

一是继续办好中国重庆高交会等全国知名科技展会，不断扩大重庆高交会规模，提升知名度和影响力，促进国内外高新技术、科技成果交易，同时积极创建自主科技展会品牌，促进本土科技成果交易。

二是继续推进常设技术交易市场、国家级技术转移示范机构、科技企业孵化器、生产力促进中心、科技成果转化中心等平台建设，加快完善技术交易推广服务、科技咨询、科技评估、知识产权事务所等服务机构功能，不断健全科技中介机构服务体系。

三是强化重庆科技成果转化网运营维护，建立各领域科技成果信息共享、交易转化的综合性网络平台。此外，设立科技成果转化引导基金，带动金融资本和民间投资向科技成果转化集聚。

（三）注重研发经费的使用效率

如何用好研发投入资金，提高其产出效率是提高国家科技实力的关键，重庆市在增加研发投入的同时，应注重提高研发经费的使用效率。

一是要选准研发投入的主要方向。研发资金主要用于投资战略性新兴产业、高新技术产业、全市“6+1”支柱产业发展以及特色传统产业提升相关的技术创新、产业化投资、市场开拓及公共服务平台建设等。

二是加强研发资金的统筹管理。设立全市政府研发扶持资金统筹领导小组，对全市各类科技计划（专项、基金）的设立和预算配置进行统筹协调，与市财政局一起对预算安排、具体使用计划进行讨论和审核。

三是完善考核机制。建立对研发投入的市场化考核机制，强化对研发资金使用过程的监管，将科技成果能否转化、产业化后能带来的经济效益等列入评价指标体系。

参考文献

［1］1998—2015 年中国科技年鉴［M］. 北京：中国统计出版社，1998—2015.

［2］1998—2015 年重庆统计年鉴［M］. 北京：中国统计出版社，1998—2015.

［3］重庆市统计局．重庆市研发投入分类统计手册（2015）［Z］. 2015.

［4］重庆市政府．市政府专题会议纪要（2014－54）《科技体制改革座谈会议纪要》［Z］. 2014.

［5］国家统计局等．科技综合统计报表制度［Z］. 2010.

［6］王孟欣. 完善我国 R&D 统计制度的对策思考［J］. 改革与战略，2011（5）.

［7］邓庆平. 我国科技统计工作之国际比较研究［D］. 中南大学，2007.

［8］刘建生，玄兆辉，吕永波，田芬. 创新型国家研发经费投入模式及其启示［J］. 中国科技论坛，2015（3）.

［9］王志刚. 健全技术创新市场导向机制［J］. 中国科技产业，2013（12）.

［10］权贤佐. 我国科技统计改革的三个基本问题——关于建立和

完善科技统计调查体系的思考 [J]. 统计研究, 1997 (4).

[11] 陈益刊. 创新企业有福了 国务院再推结构性减税 [N]. 第一财经日报, 2015-10-22 (A03).

[12] 郭晓静. 2020年全市社会研发投入占GDP比重将超过2% [N]. 重庆日报, 2016-04-21 (7).

[13] 温婷. 大众创业万众创新再迎税收红利 [N]. 上海证券报, 2015-10-22 (F02).

[14] 杨洪涛. 尊重科技创新规律 完善绩效评价体系 [N]. 科技日报, 2014-11-17 (1).

[15] 渝财. 重庆"四驱"健全创新驱动财政政策引导体系 [N]. 中国财经报, 2015-11-24 (1).

[16] 重庆市政府. 重庆市"十二五"科技和战略性新兴产业发展规划 [Z]. 2011.

[17] 国务院. "十二五"国家自主创新能力建设规划 [Z]. 2013.

[18] 国务院. 国家重大科技基础设施建设中长期规划 (2012—2030年) [Z]. 2012.

[19] 重庆市政府. 重庆市深化体制机制改革加快实施创新驱动发展战略行动计划 (2015—2020年) [Z]. 2015.

[20] 兰州市政府. 中共兰州市委、兰州市人民政府关于深化体制机制改革加快实施创新驱动发展战略实施方案 [Z]. 2016.

[21] 刘方. "十三五"时期提升创新能力的思路 [J]. 宏观经济管理, 2015 (5).